DIATOMÉES MARINES

DE LA

CÔTE OCCIDENTALE D'AFRIQUE

PAR

G. LEUDUGER-FORTMOREL

DOCTEUR EN MÉDECINE
CHEVALIER DE LA LÉGION D'HONNEUR
OFFICIER D'ACADÉMIE

:o:

SAINT-BRIEUC
IMPRIMERIE Francisque GUYON, LIBRAIRE-ÉDITEUR
Rues Saint-Gilles, 4, et de la Préfecture, 18.

—

1898

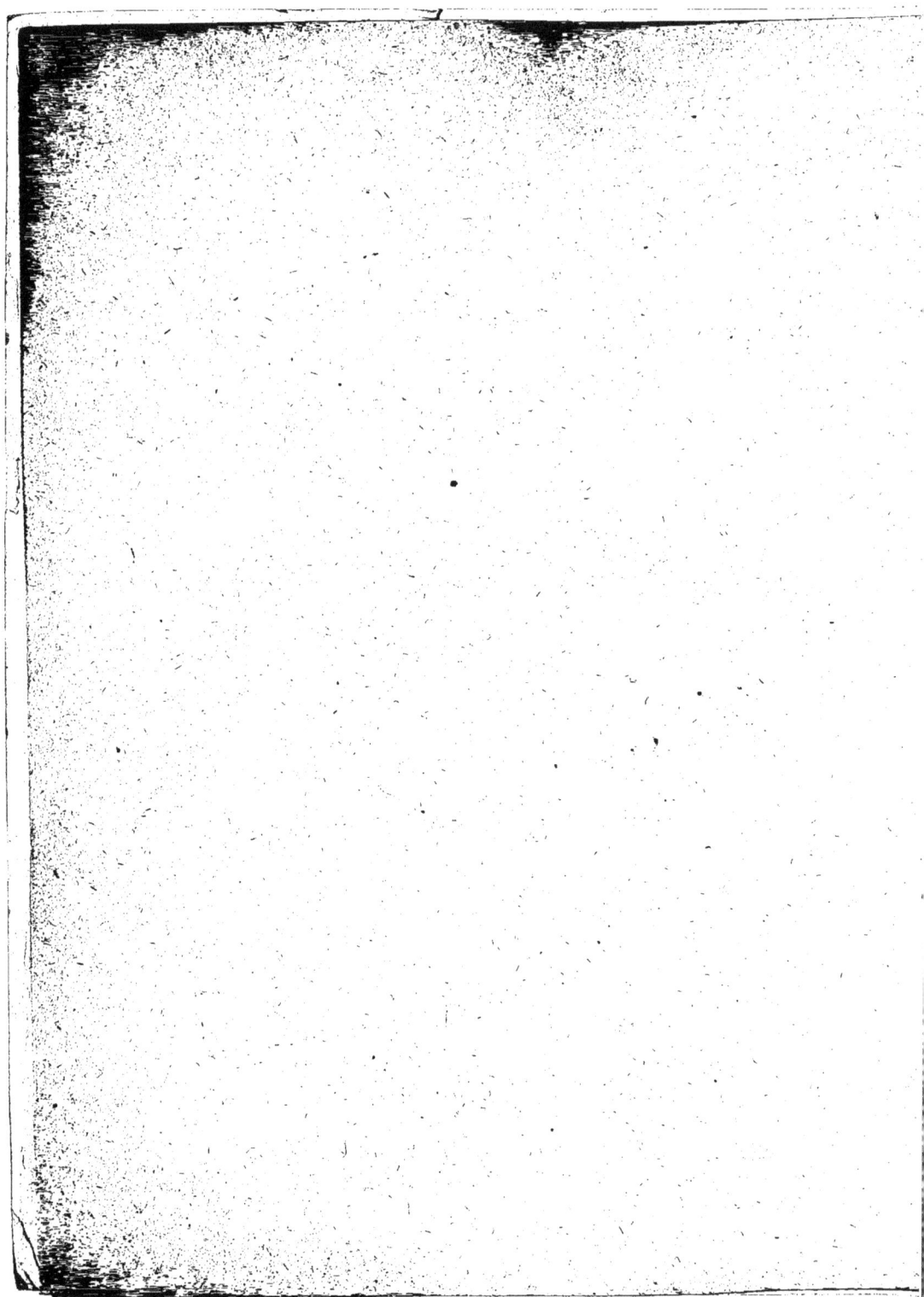

DIATOMÉES MARINES

DE LA

CÔTE OCCIDENTALE D'AFRIQUE

PAR

G. LEUDUGER-FORTMOREL

DOCTEUR EN MÉDECINE
CHEVALIER DE LA LÉGION D'HONNEUR
OFFICIER D'ACADÉMIE

———— :o: ————

SAINT-BRIEUC

IMPRIMERIE Francisque GUYON, LIBRAIRE-ÉDITEUR

Rues Saint-Gilles, 4, et de la Préfecture, 18.

——

1898

DIATOMÉES MARINES

DE LA

CÔTE OCCIDENTALE D'AFRIQUE

Après nos maîtres, je continue à tracer le sillon que j'ai ouvert, il y a un quart de siècle, pour l'étude de la distribution des Diatomées sur différentes parties du globe. J'ai débuté par les côtes de la Manche dans la baie limitée par le département des Côtes-du-Nord, puis vinrent Ceylan, la Malaisie, aujourd'hui la côte Occidentale d'Afrique. Il me semble que, après de nombreux travaux de ce genre, on pourra faire une synthèse qui donnera la clef de certaines lois, si l'on y joint les recherches biologiques qui régissent la vie de ces organismes microscopiques innombrables, si intéressants à tous les points de vue et dont les fonctions sont encore un mystère.

M. le Dr Miquel, dans *Le Diatomiste,* a publié un très savant mémoire sur la genèse des Diatomées, il est malheureusement interrompu. C'est un travail de premier ordre, mais aride, difficile, qui nécessite, pour être bien compris, contrôlé et continué, des conditions spéciales et un outillage de laboratoire qui ne sont à la portée que de rares élus. Puisse-t-il être continué !

Ce n'est pas un rêve, j'imagine, que d'entrevoir les apports considérables que l'étude ana-lytique des Diatomées sur différentes parties du globe peut donner à cette grande et importante science de l'Océanographie.

N'est-ce pas au cours de ces études captivantes et spéculatives que l'on doit se souvenir des belles paroles de Littré : « Ceci donne un enseignement qu'on ne saurait trop répéter, à savoir que la science doit toujours traiter les choses théoriquement et ne jamais s'inquiéter des applications, certaine que, plus elle suivra la voie abstraite avec rigueur, sans se laisser détourner par la clameur vulgaire, plus elle sera fidèle à sa véritable mission, et plus même elle favorisera, en définitive, ces applications dont elle semble se détourner ».

Il faut prendre le titre de ce travail dans un sens très restreint. Jusqu'à ce jour on connaît à peine la flore diatomique de cette longue bande de côtes que limite l'Océan Atlantique de Tanger au cap de Bonne-Espérance. Le hasard et quelques complaisances ont mis entre mes mains les matériaux qui me permettent de planter un jalon dans ce riche claim où l'on est sûr de faire utiles et intéressantes moissons. Dans ce champ si vaste il y a forcément d'immenses lacunes qui seront comblées à mesure par d'autres chercheurs ; ce n'est donc qu'un essai ou une contribution.

J'ai dit : Diatomées marines. On ne sait rien des Diatomées d'eau douce de ces régions ; elles ne diffèrent probablement pas d'une manière sensible de celles que l'on rencontre dans les autres parties du globe. Les nombreuses préparations que j'ai faites contiennent souvent des espèces d'eau douce qui sont arrachées de la rive par le courant des fleuves et entraînées au loin. Toutes celles que j'ai observées n'ont pas de caractères spéciaux ; je ne les ai pas relevées. Cependant dans la longue énumération qui va être faite, on pourra trouver le nom d'espèces parfois considérées comme étant d'eau douce.

C'est qu'il est difficile, impossible pour certaines, d'établir une ligne de démarcation infranchissable, car leur habitat est tantôt l'un ou l'autre de ces éléments.

Pour un travail de ce genre j'ai cherché, sans y réussir, à dresser un plan bien déterminé. Toutes les classifications proposées présentent de telles lacunes qu'aucune ne s'est imposée. Un célèbre diatomiste belge, M. Van Heurck, a fait paraître sous forme d'Atlas, une synopsis de haute valeur et dernièrement, un *Traité des Diatomées*, dont la rédaction est un modèle de clarté. C'est ce que nous possédons de plus complet ; je suivrai presque toujours l'ordre adopté dans cet important ouvrage.

Pour éviter, autant que possible, la confusion et les nombreuses répétitions, il est nécessaire de faire quelques groupements et de présenter l'analyse des différentes récoltes dans l'ordre géographique, du Nord au Sud, tant au point de vue continental qu'au point de vue insulaire. J'aurai soin, en tête de chacune d'elles, d'établir leur provenance et les réflexions préliminaires qui me paraissent indispensables.

J'ai dessiné toutes les figures à la chambre claire Abbe avec un grossissement de 500 diamètres, nécessaire et suffisant pour l'étude ; quand j'ai dû dépasser ce grossissement, j'ai eu soin de l'indiquer.

Maintes fois je me suis trouvé fort embarrassé pour arriver à une exacte détermination ; quand les recherches n'ont pas pu m'éclairer, j'ai simplement dit : Je ne sais pas.

Il me reste encore un pieux devoir à remplir : un hommage ému à la mémoire du savant diatomiste, mon cher ami Julien Deby, c'est à lui que je dois les matériaux qui ont servi de base à ce travail.

J'aurai l'occasion de citer souvent les noms de MM. Peragallo, du professeur J. Brun et de M. Van Heurck ; je prie ces diatomistes d'agréer le public hommage de ma respectueuse reconnaissance.

Les diatomistes qui voudront bien prendre connaissance de cet aride labeur, seront étonnés comme moi de la quantité d'espèces vivant dans ces mers chaudes et qui n'étaient encore signalées qu'à l'état fossile : *Multa renascentur*.

MAROC

Les côtes inhospitalières de cet empire sont peu visitées, très rares sont les matériaux que l'on peut obtenir. J'aurais eu pour le Maroc une page blanche, n'était l'obligeance de M. le professeur Brun qui a bien voulu me communiquer les préparations qu'il possède. Elles proviennent toutes de la côte de Mogador et de petites localités, non figurées sur les cartes, mais situées dans ce voisinage.

Amphora obtusa (*Greg.*).
Id. salina (*W. Sm.*).
Id. bacillaris (*Greg.*).
Id. costata (*Greg.*).
Id. cymbifera (*Greg.*).
Id. proboscidea (*Greg.*).
Id. bigibba (*Grun.*).
Id. crassa (*Greg.*).
Id. coffœformis (*Ktz.*).
Id. obtusa var. (*A. Schm. 40/11*).
Id. crassa var. punctata (*Greg.*).
Id. marina (*W. Sm.*).
Id. commutata (*Ad. Schm.*).
Id. proteus (*Greg.*).
Id. ? — (*A. Schm. 39/23*).
Mastogloia reticulata (*A. Schm.*).
Id. Smithii (*Thw.*).
Id. lanceolata (*W. Sm.*).
Id. sansibarica (*A. Schm.*).
Id. angulata (*Lewis*).
Id. acutiuscula (*A. Schm.*).
Id. bisulcata var. Corsicana (*A. Schm.*).
Id. apiculata (*W. Sm.*).
Id. ovalis (*A. Schm.*).
Id. erythrœa (*Grun.*).
Id. apiculata var. angulosa (*Grun.*).
Navicula bombus (*Ktz.*).
Id. aspera (*Ehr.*).
Id. crabro (*Ktz.*).
Id. indica (*Ehr.*).
Id. brasiliensis (*Grun.*).
Alloioneis Antillarum (*Cleve*).
Pleurosigma decorum (*W. Sm.*).
Rhoicosphenia curvata (*Grun.*).

Achnanthes subsessilis (*Ehr.*).
Id. coarctata (*Grun.*).
Id. longipes (*Agh.*).
Id. brevipes (*Agh.*).
Orthoneis splendida (*Grun.*).
Id. binotata (*Grun.*).
Id. ovata (*Grun.*).
Cocconeis pseudo-marginata (*Greg.*).
Id. dirupta (*Greg.*).
Id. scutellum (*Ehr.*).
Id. Id. var. parva (*V. H.*).
Id. Id. minutissima (*Grun.*).
Id. heteroidea (*Cleve*).
Campyloneis Grevillei (*Sm.*) (*Grun.*).

Cette belle espèce, très bien dessinée par MM. Peragallo (*Diatomées marines de France*), particulièrement abondante à l'île de San-Thomé, offre dans ces régions une particularité remarquable. Tous les nodules sont extrêmement brillants, on dirait des diamants enchassés dans la valve.

Synedra Gaillonii (*Grun.*).
Id. affinis (*Grun.*).
Id. tabulata (*Ktz.*).
Id. decipiens (*Cleve*).
Toxarium undulatum (*Greg.*).
Raphoneis amphiceros (*Grun.*).
Plagiogramma tessellatum (*Grev.*).
Licmophora Lyngbyei (*Grun.*).
Id. ovata (*W. Sm.*).
Climacosphenia moniligera (*Rab.*).
Grammatophora adriatica (*Grun.*).
Id. macilenta (*Grun.*).
Id. angulosa var. mediterranea (*Grun.*).

Grammatophora marina (*Grun.*).
Id.　　serpentina (*Ehr.*).
Rhabdonema arcuatum (*Ktz.*).
Id.　　minutum (*Ktz*).
Id.　　adriaticum (*Ktz.*).
Striatella unipunctata (*Agh.*).
Surirella kittoniana (*A. Sch.*).
Id.　　fastuosa (*Ehr.*).
Id.　　dives ? (*A. Schm.*).
Id.　　eximia (*Grev.*).
Campylodiscus crebrecostatus (*Grev.*).
Id.　　Thuretii (*Breb.*).
Nitzschia panduriformis (*Greg.*).
Id.　　thermalis var. intermedia (*Grun.*).
Id.　　Brebissonii (*W. Sm.*).
Id.　　constricta forma parva (*Grun.*).
Id.　　Sigma (*W. Sm.*).
Id.　　Sigmoidea (*W. Sm.*).
Id.　　punctata (*Grun.*).

Orthosira Brunii (*Ad. Schm.*).
Cyclotella striata (*Grun.*).
Podosira maculata (*W. Sm.*).
Terpsinoë musica (*Ehr.*).
Biddulphia pulchella (*Gray.*).
Id.　　Shadboldtiana (*A. Schm.*)
Triceratium scitulum (*A. Schm.*).
Id.　　Id.　4 angles (*A. Schm.*).
Auliscus sculptus (*Ralfs*).
Actinoptychus hexagonus (*Grun.*).
Id.　　Pfitzeri (*Gründler*).
Id.　　Vlatinum (*A. Schm.*).
Id.　　campanulifer (*A. Schm.*).
Id.　　undulatus (*Jan*).
Actinocyclus subtilis (*Ralfs*).
Id.　　Ralfsii (*Prich*).
Coscinodiscus micans (*A. Schm.*).
Id.　　Obscurus (*A. Schm*).

DAKAR

Sous ce titre, je comprends deux récoltes qui m'ont été données par le naturaliste, M. Chevreux. Elles étaient minimes, contenues dans deux petits tubes. Faites à bord de son yacht, au filet fin. La première par Lat. N., 18°46′ Long. O., 18°38′ par 75 mètres de fond. La seconde, dans les mêmes conditions, par 40 mètres de fond, au large de Dakar. L'une est caractérisée par de nombreux Hemiaulus, l'autre par les Coscinodiscus Sol et une quantité de Rhizosolenia robusta. Par suite d'un accident de laboratoire, la petite quantité de ces récoltes a été encore diminuée et j'ai constaté, trop tard, que les Diatomées en grand nombre étaient très peu siliceuses. Le contact de l'acide azotique faible les faisait disparaître ; la chaleur, nécessaire pour les fixer, provoquait trop souvent leur déformation. Le résultat, malgré son imperfection, est néanmoins fort intéressant et donne lieu à des considérations importantes.

Cette récolte est bien le type de ce que les Allemands ont appelé : Plankton, c'est-à-dire l'ensemble des organismes vivant à la surface des eaux. C'est là une découverte récente; je suis persuadé que si de jeunes naturalistes se consacraient à l'étude de ce Plankton, ce serait pour eux une riche mine de découvertes et ils rendraient de grands services à l'océanographie.

Amphora marina (*W. Sm.*).
Id.　　crassa (*Greg.*).
Navicula aspera (*Ehr*).
Id.　　lyra (*Ehr.*).

Navicula bombus (*Ktz.*).
Id.　　abrupta (*Donk.*).
Id.　　fusca (*Ralfs*).
Id.　　brevis (*Greg.*).

Navicula humerosa (*Breb.*).
Id.   scutelloïdes (*W. Sm.*).
Id.   Smithii forma parva (*Breb.*).
Pleurosigma balticum (*W. Sm.*).
   Id.   acuminatum (*Grun.*).
   Id.   scalproïdes (*Rab.*).
Achnanthes coarctata (*Grun*).
   Id.   subsessilis (*Ehr.*).
Cocconeis pellucida (*Grun.*).
   Id.   scutellum (*Ehr.*).
   Id.   dirupta (*Greg.*).
   Id.   Id.   var. africana (*Brun.*).

Synedra lœvigata (*Grun.*).
   Id.   Id.   var. angustata (*Grun.*).
Thalassiothryx longissima (*Cleve*).
   Id.   curvata (*Grun.*).
   Id.   Frauenfeldii (*Grun.*).
   Id.   nitzschioides (*Grun.*).
Plagiogramma Gregorianum (*Grev.*).
Licmophora abbreviata (*Grun.*).
   Id.   tincta (*Grun.*).
   Id.   Lyngbyei (*Grun.*).
   Id.   dalmatica (*Ktz.*).

Licmophora hamulifera, nov. sp. Pl. I, fig. 1.

Cette espèce de grande taille est rare, présente des caractères bien distincts. Les bords portent des stries courbes très accentuées. Deux septa du connectif, au niveau du bord supérieur se replient en forme d'hameçon, d'où le nom de la Diatomée.

Largeur 19 c. d. m. Long. 25 c. d. m. 4 stries en c. d. m.

Diatoma tenue var. hybrida (*Grun.*). | Denticula Dusenii (*Cleve*).

Cette espèce très commune sur la côte Occidentale d'Afrique a été décrite et figurée par M. Cleve dans le *Diatomiste*, page 146, pl. IX, fig. 14.

Malgré de nombreuses observations, je n'ai pu voir d'une manière distincte, les taches arrondies qui sont figurées entre les côtes. Ayant eu la bonne fortune de trouver inhérents la face valvaire et la connective, le frustule est dessiné : pl. I, fig. 2.

On trouve en outre un autre Denticula, commun à Dakar, pl. I, fig. 3, qui ne paraît pas être nouveau, il a beaucoup de rapport avec : Denticula elegans figuré dans la Synopsis de M. Van Heurck, pl. 49, fig. 17-18. Ce ne serait qu'une variété.

Grammatophora marina (*Grun.*).
   Id.   macilenta (*Grun.*).
Rhabdonema arcuatum (*Ktz.*).
   Id.   adriaticum (*Ktz.*).
Striatella unipunctata (*Agh.*).
Nitzschia acicularis (*Grun.*).
   Id.   paradoxa (*Grun.*).
   Id.   socialis var. indica (*Greg.*).
Nitzschiella closterium (*W. Sm.*).
   Id.   acicularis (*W. Sm.*).
Rhizosolenia robusta (*Norman.*).
   Id.   indica (*H. Per.*).

Rhizosolenia imbricata (*Brig.*).
   Id.   calcar avis (*Schultze*).
   Id.   Shrubsolii (*Cleve*).
   Id.   Murrayana (*Cast.*).
   Id.   setigera (*Bright*).
Dactyliosolen Bergonii (*H. P.*).
   Id.   antarcticus (*Cast.*).
   Id.   mediterraneus (*H. P.*).
Guinardia flaccida (*H. P.*).
Lauderia annulata (*Cleve*).
   Id.   mesoleyana (*Cast.*).
   Id.   elongata (*Cast.*).

Ces trois derniers genres, presque inconnus des diatomistes, ont été mis en évidence, aussi bien décrits que dessinés, par M. H. Peragallo dans son excellente monographie des Rhizo-solenia. Ce sont là des organismes peu siliceux, difficiles à voir dans le baume ; on les apprécie mieux préparés *in situ*, à sec, quand la chaleur ne les a pas déformés.

Chœtoceros rostrata (*Lauder*).	Chœtoceros distans (*Cleve*).
Id. anostomosans (*Cleve*).	Id. Peruvianum var. robustum (*Cleve*).
Id. dispar (*Cleve*).	Id. danicum (*Cleve*).
Id. curvisetum (*Cleve*).	Id. Eibenii (*Cleve*).
Id. messanense (*Cleve*).	Id. occidentale (*Cleve*).
Id. boreale (*Bail*).	Id. robustum (*Cleve*).
Id. incurvum (*Bail*).	Id. Whighamii (*Bright*).
Id. paradoxum (*Cleve*).	Id. atlanticum (*Cleve*).
Id. decipiens (*Cleve*).	Id. dicladia (*Cast.*).
Id. socialis (*Lauder*).	

Chœtoceros spinosum, nov. sp. pl. I, fig. 4.

Petite espèce, frustules cylindriques, sans ouverture interfrustulaire, longues expansions grêles garnies dans une partie de leur étendue d'épines aiguës et multiples. La face valvaire est arrondie, lisse, portant deux tubercules ou cellules d'où partent les expansions. Très rare.

Chœtoceros cornutum, nov. sp. Pl. I, fig. 5.

Frustule cylindrique aplati, ouverture interfrustulaire hexagonale d'où surgissent deux soies rigides, nues, à l'extrémité desquelles se trouve une bifurcation en forme de cornes.

Relevé aussi dans le golfe de Guinée. Rare. On trouve une variété qui se caractérise par des épines sur les cornes.

Bacteriastrum varians (*Lauder*).	Goniothecium odontella (*Ehr.*).
Id. curvatum (*Sch.*).	Corethron criophilum (*Cast.*).

Ce genre a été créé par M. Castracane dans son mémoire sur les récoltes diatomifères faites à bord du *Challenger*. Ces Diatomées sont peu siliceuses, facilement déformées par la chaleur. Les espèces que j'ai dessinées ne se trouvent pas toutes dans l'ouvrage précité et forment même des variétés, car ici les soies sont lisses, pas une n'est barbelée. Pl. I, fig. 6, 7, 8.

Dans cette planche I, la figure 6 représente bien le Corethron criophylum de Castracane, mais les deux autres sont particuliers à cette région de l'Afrique. Le N° 7 à base sphérique possède de nombreux prolongements de longueur très inégales, puissants et lisses.

Le N° 8, Corethron aerostatum, a une forme toute particulière. Ce sont deux sphères réunies par une membrane très mince. Celle qui a le plus grand diamètre porte des épines longues, aiguës, lisses. L'autre, la plus petite, qui semble renfermée dans une poche, a des prolongements terminés en massue.

M. Castracane dit qu'elles ont toutes pour habitat l'Océan Antarctique. Cette assertion doit être modifiée.

Pterotheca aculeifera. Van Heurck. *Traité Diat.*, p. 430, fig. 151.

M. Van Heurck en fait une division du genre pyxilla dont tous les individus sont fossiles. Ce n'est plus exact. J'en ai dessiné deux variétés, pl. I, fig. 9, 10. Parfois on les trouve enveloppés eux-mêmes dans un cylindre siliceux et je me suis demandé si c'était bien une Diatomée.

Stephanopyxis turris (*Ralfs*).		Id.	Barbadensis (*Grev.*).
Id.	Smithii (*Ad. Schm.*).	Id.	rapax (*Castr.*).

Stephanopyxis appendiculata (*Ehr.*).

Cette espèce, assez répandue, offre des variétés qui rendent la détermination exacte très difficile, j'en donne une figure, pl. I, fig. 11, qui peut être considérée comme variété de Stephanopyxis appendiculata. Ad. Schmidt 130/35.

Stephanopyxis corona (*Ehr*). Espèce nombreuse et très polymorphe.

Stephanopyxis Kittoniana, var. pl. I, fig. 12.

Diatomée rare qui, déterminée et figurée par M. Castracane, voyage du *Challenger*, ne donne pas une idée exacte de celle que je trouve à Dakar dont le frustule cylindrique est manifestement aplati. Les bâtonnets, à leur extrémité libre, sont terminés par une petite houppe. Les stries, en se coupant, forment des hexagones contenant une petite cellule circulaire inscrite. Au frustule j'ai joint la valve, circulaire, très bombée, ressemblant au Stephanopyxis corona d'une manière très rapprochée.

Il me semble que ces organismes ont une aire de développement très restreinte ; je ne les ai trouvés nulle part ailleurs et M. Castracane ne les signale qu'aux îles Philippines.

Melosira clavigera (*Grun.*).	Cyclotella comta var. affinis (*Grun.*).
Id. granulata (*Ralfs*).	Skeletonema costatum (*Grun.*).

Podosira terebro, nov. sp. Pl. IV, fig. 9.

C'est une nouvelle espèce dont je donnerai la description et la figure dans l'analyse des Diatomées du Congo où elle est commune, surtout dans l'estomac des tarets.

HEMIAULUS AFRICAINS

Jusqu'à ce jour les Hemiaulus, à peu d'exceptions près, sont considérés comme de provenance fossile ; grand fut mon étonnement de les rencontrer abondants dans différentes récoltes de la côte Occidentale d'Afrique. En effet, je les trouve à Dakar, Walfishbay, aux îles San-Thome et de l'Ascension.

A Dakar, je compte plus de quarante formes différentes. Dans ces mers, où la flore microscopique n'a pas été étudiée, il semble qu'il y ait des conditions particulières d'habitat qui favorisent le développement de ces singuliers organismes sur lesquels on est loin d'avoir des notions précises. Cette indécision scientifique, ou mieux cette ignorance, plane sur un grand

2

nombre d'espèces qui se développent, dans ces mers chaudes, avec une si remarquable intensité de vie.

Tous les Hemiaulus que j'ai dessinés présentent quelques différences et cependant il m'est impossible de les grouper d'une manière logique ou de désigner chacun d'eux par une appellation particulière. Après une étude souvent répétée de Heiberg, de Grunow et de l'*Atlas* de A. Schmidt, j'ai adopté le mode de ce dernier en généralisant le plus possible, en conservant la diagnose individuelle quand elle existe et en donnant un nom aux espèces qui ont un caractère tranché.

C'est ainsi que dans la planche N° 1 je désigne : Hemiaulus polymorphus les numéros 14, 15, 16, 18, 20, 21, 25, 26 (*Grunow*).

Le N° 24, H. polymorphus var. frigida (*Grunow*). A. S. 143/35, 36.

N° 19, Hemiaulus tenuicornis (*Grev.*). A. S. 143/9, 10.

N°ˢ 22, 23, Hemiaulus moniliformis, nov. sp. Pl. I.

N° 27, Hemiaulus coronatus, nov. sp. Pl. I.

Planche II, fig. 1, Hemiaulus alatus (*Grev.*). A. S. 143/14, 22. J'ai dessiné deux ailes différentes.

Malgré des différences assez tranchées et pour éviter la confusion, on peut, dans cette planche, joindre sous le nom : Hemiaulus polycistinorum (*Ehr.*) et A. S. 143/23, 29, les N°ˢ 2, 3, 5, 6, 7, 8, 9.

N° 4, Hemiaulus mucronatus (*Greville*). Pl. II.

N° 10, H. spinosus, nov. sp. Pl. II, N° 11. H. vulgaris, nov. sp. Pl. II.

N°ˢ 12, 13, H. Weissii (*Grun.*). A. S. 143.

N° 14, H. biddulphia, nov. sp. Pl. II. Il aurait fallu ranger cette espèce parmi les Biddulphiées sans l'appendice caractéristique des deux protubérances angulaires.

N° 15, H. minimus, nov. sp. Pl. II. Cette petite et rare Diatomée a quelque analogie avec H. hostilis de Heiberg. Sa largeur n'est que de 2 c. d. m.

N° 16, H. angularis, nov. sp. Pl. II. Entre les montants on remarque une masse dont les contours forment un angle aigu, armés d'épines.

N° 17, H. hostilis (*Heiberg*).

N° 18, H. florifer, nov. sp. Pl. II, N° 19, H. armatus, nov. sp. Pl. II. Il est remarquable par une longue épine recourbée le long du montant gauche.

N° 20, H. velatus, nov. sp. Pl. II. Il peut être rapproché de H. claviger, A. S. 143.

N° 21, H. rapax, nov. sp. Pl. II, N°ˢ 22, 23, H. bombus, nov. sp. Pl. II.

N° 24, H. affinis (*Grev.*) N° 25, H. proteus (*Heiberg*) N° 26, H. ambiguus (*Janisch*) A. S. 143.

N° 27, H. circularis, nov. sp. Pl. II. Forme singulière et bien curieuse, si c'est un Hemiaulus. Je ne connais à s'en rapprocher qu'une figure de la Synopsis de M. Van Heurck, pl. CIII, fig. 6, 7, 8, 9. H, bipons. Ce diatomiste prétend que c'est une forme voisine de H. februatus d'Heiberg. Je ne saisis pas l'analogie.

N° 28, A. Schmidt dans l'*Atlas* 144/58 donne une figure avec les mêmes caractères, fossile et sans diagnose. Il me semble que c'est une valve d'Hemiaulus vue de trois-quart.

Les figures qui suivent de 29 à 40 sont des valves d'Hemiaulus qu'il m'est impossible de déterminer et quelques valves de Corinna? ou de Solium? dont je n'ai pas trouvé la face connective.

Enfin de 41 à 44 des organismes inconnus qui sont peut-être des zoospores ou sporanges d'Hemiaulus, de Corinna. Faut-il y ajouter le N° 45 dont j'ai pu dessiner les deux faces?

Ces espèces un peu mystérieuses trouvées pour la première fois en aussi grande abondance et dans un champ si étendu, car je les ai trouvées du Nord au Sud de la côte d'Afrique, pourraient donner lieu à de longues réflexions en les comparant aux espèces fossiles. Je me bornerai à constater que ces espèces vivantes ont des contours bien déterminés, elles ne sont pas frustes ; chez presque toutes les montants sont garnis d'une bordure de perles bien distinctes et souvent elles portent des épines robustes que l'on voit distinctement sur les deux faces.

Eucampia zodiacus (*Ehr.*).

Molleria cornuta (Cl. pl. II, fig. 46, 47, 48). Diatoms from Java.

Dans cette planche j'ai dessiné trois figures différentes de cet organisme curieux et rare. Il a été découvert par M. Cleve, dans la mer de Java. M. Van Heurck, dans son *Traité*, ne voit là que des Eucampia. Je suis de l'avis de M. Cleve qui en fait un genre entre les Eucampia et les Striatella. Il faut remarquer l'énorme développement du connectif et, ce qui n'a pas été signalé, la boucle formée par les septa en passant sur l'autre face.

Biddulphia tridentata (*Grun.*).
Id.   Tuomeyi (*Bail.*).
Id.   rhombus (*Sm.*).
Id.   aurita (*Breb.*).
Id.   pulchella (*Gray*).
Id.   Id.   plusieurs variétés.
Triceratium bullosum (*A. S.*).
Id.   alternans (*Bail.*).
Id.   spinosum (*A. S.*).
Auliscus punctatus (*Bail*).
Id.   sculptus (*Ralfs*).

Actinoptychus undulatus (*Janisch*).
Id.   vulgaris (*Schum.*).
Micropodiscus Weissflogii (*Grun.*).
Asteromphalus Cleveanus (*Grun.*).
Id.   flabellatus (*Grev.*).
Id.   Ralfsii (*Schum.*).
Asterolampra ornatus (*Grev.*).
Id.   insignis (*A. S., 137/3*).
Arachnoidiscus ornatus var Montereyana (*A. S., 73/13*).

Brightwellia ? Pl. III, fig. 1, 2.

J'ai dessiné deux fragments, suffisants pour démontrer que ce sont deux espèces nouvelles. Le premier, remarquable par le grand nombre de cellules ovales faisant cercle au milieu de la valve. Dans le second, le cercle est formé de cellules hexagonales, au milieu une forte épine et, dans la partie circonscrite par les grandes cellules, beaucoup de petites épines, éparses, sans ordre.

Actinocylus Ralfsii (*Grun.*).
Coscinodiscus oculus iridis (*Ehr.*).
    Id.   lineatus (*Ehr.*).
    Id.   excentricus (*Ehr.*).

Coscinodiscus perforatus (*Ehr.*).
    Id.   radiatus (*Ehr.*).
    Id.   Sol (*Wallich.*), pl. 3, fig. 3, a. b. c.

Au sujet de cette dernière espèce, je crois qu'il a été commis une erreur qu'il importe de rectifier. C'est Wallich qui, le premier, a vu ce Coscinodiscus Sol, l'a décrit et figuré *in Trans. of Mic-Soc*, tome VIII, page 38, pl. II, fig. 1 ; il est nécessaire pour ma démonstration de traduire la description de Wallich.

« Valve discoïde enveloppée d'une légère membrane circulaire dont la surface présente de nombreuses lignes radiantes.

Estomacs de Salpes, baie de Bengale et Océan Indien.

Le remarquable appendice de cette valve discoïde suffit à lui seul pour distinguer cette belle Diatomée de toutes les espèces voisines. A première vue, elle se présente à nous d'une manière anormale et l'on se demande si l'on a raison de le ranger dans le genre indiqué. Je montrerai néanmoins que cet appendice membraneux n'est, après tout, qu'une modification de structure que l'on trouve dans d'autres formes et que le disque central a des caractères tellement identiques à celle d'une espèce bien connue, Coscinodiscus eccentricus, qu'il ne peut rester aucun doute à cet égard.

Si l'on soumet le frustule à l'action des acides, la membrane circulaire se détache d'abord, ne tarde pas à disparaître et il ne reste qu'une petite valve de Coscinodiscus eccentricus. L'anneau est hyalin, indépendant des cellules du disque central, à l'exception des lignes mentionnées. Ces lignes prennent leur origine dans une série de petits points marginaux et leur nombre varie dans chaque spécimen. Quand elles émergent du disque elles ont l'air d'être repliées et deviennent graduellement linéaires à mesure qu'elles approchent de la circonférence extérieure de l'anneau. Dans les échantillons que l'on observe dans un fluide à leur état naturel, on voit que les deux valves du frustule doivent posséder chacune un anneau. Il est alors évident que cette membrane émane du disque central et non de la zone connective ».

Voilà une magistrale démonstration, impossible de mieux observer et de mieux dire.

Je ne veux faire à Wallich qu'une objection : il affirme que les expansions linéaires prennent naissance sur la valve où, en leur absence, on remarque des points. Je n'ai jamais vu ces points, je crois que ces lignes procèdent du bord marginal et j'en montre la preuve dans la figure 3 *b*. de la planche III.

Cette Diatomée est essentiellement pélagique et quand on veut la fixer sur le cover au moyen de la chaleur, il arrive souvent que les expansions linéaires sont détachées en entraînant un débris du bord marginal qui les réunit encore en petits paquets tandis que le disque reste isolé au milieu : elles ne procèdent donc pas de la surface valvaire.

Dans cette même planche, figure 3 *c*, j'ai dessiné un petit spécimen vu de trois-quart.

Cette rare Diatomée, à part Wallich, n'a été représentée que par Ad. Schmidt dans son

Atlas, pl. LVIII, fig. 41, 42, 43. Chose singulière, les figures 41-42, qui répondent à celle de Wallich sont indiquées : variétés, tandis que la figure 45 représente le véritable Coscinodiscus Sol. C'est un grand disque enveloppé d'un nimbe qui, en place de linéaments, porte de véritables lames. Je dois dire que ces deux organismes vivent dans les mêmes eaux et qu'on les rencontre dans une même préparation.

M. Van Heurck, dans son *Traité des Diatomées,* a reproduit cette figure de A. Schmitt, mais il en fait un genre nouveau : Planchtoniella.

Je crois qu'il est au moins inutile de démarquer le véritable Coscinodiscus Sol, celui de Wallich ; d'autre part, voici où gît l'erreur des deux savants diatomistes précités.

Ainsi que je l'ai dit, dans mes préparations on trouve, plus rare que le C. sol, ce Planchtoniella avec son nimbe ou anneau si fortement armé. Mais voilà qu'en poursuivant mon analyse j'ai trouvé le frustule entier qui, outre les lames, porte un appendice puissant en forme de bec d'oiseau ; je l'ai dès lors considéré comme étant une Polycistine ?

(J'aurais voulu en donner la démonstration par figures ; une raison impérieuse m'a contraint de restreindre le nombre des planches annexées à ce labeur).

Ce qui a causé l'erreur, que j'avais aussi moi commise, c'est que cette Polycistine ? s'y montre parfois dépourvue du bec, soit par accident, soit qu'il n'existe que sur une des valves du frustule. D'autre part, la ligne de démarcation entre certaines Polycistines et les Diatomées est tellement vague que M. Van Heurck a peut-être été bien inspiré en constituant une espèce nouvelle : Planchtoniella.

Coscinodiscus incertus. Pl. I, fig. 13.

Cette diatomée circulaire présente une surface bombée couverte de perles qui sont limitées sur le pourtour par de grandes cellules inégales et un cordon de perles moniliformes. Peut-être est-ce un Coscinodiscus de forme anormale ?

Spermatogonia antiqua *(Leuduger).*

M. Van Heurck l'a signalée avec un point d'interrogation.

Cette espèce que j'ai trouvée dans la mer de Java, dans le détroit de Macassar, a été représentée dans : *Diatomées de la Malaisie.* Elle est commune sur la côte d'Afrique et j'estime qu'elle a tous les caractères d'une Diatomée qui peut être rapprochée des Thalassiothryx.

Asterionella Bleakeleyi. (*W. Sm.*).

Ethmodiscus punctiger. *(Cast.).*

C'est en vain que j'ai cherché la détermination (Pl. III, fig. 14, 15) de ces deux petites espèces circulaires, ce sont peut-être des Actinodiscus inconnus.

Je ferai la même observation pour le N° 16 de la même planche. Je ne vois que le Liradiscus de Greville qui puisse lever les doutes.

Striatella Chevreuxi. Pl. III, fig. 17 × 1000.

Cette Diatomée est très rare et fragile ; je n'ai trouvé que trois exemplaires. En étudiant dernièrement une récolte de surface du banc de Terre-Neuve, j'ai trouvé *in situ* une Diatomée qui lui ressemble beaucoup et a levé mes doutes.

SIERRA-LEONE

Sous ce titre je groupe autour de Free-Town, deux petits ports qui ne sont pas indiqués sur les cartes : Mambolo et Tamalambo, qui sont certainement très voisins. Les matériaux qui consistaient en vase desséchée, m'ont été apportés par un navire marchand faisant sur cette côte le commerce du coprah. Cette récolte est riche, mais elle contient aussi une énorme quantité de débris de Diatomées à l'état tellement ténus qu'il est impossible de les déterminer.

Amphora robusta (*Greg.*).
Id.   crassa (*Greg.*).
Id.   proteus (*Greg.*).
Id.   salina (*W. Sm.*).
Id.   marina (*W. Sm.*).
Id.   turgida (*Greg.*).
Id.   exigua (*Greg.*).
Id.   macilenta (*Greg.*).
Id.   granulata (*Greg.*).
Mastogloia Smithii (*Thw.*).
Id.   apiculata (*W. Sm.*).
Navicula brevis (*Greg.*).
Id.   latiuscula (*Ktz.*).
Id.   bombus (*Ktz.*).
Id.   lyra (*Ehr*).
Id.   elliptica (*W. Sm.*).
Id.   apis (*Ktz.*).
Id.   pusilla (*W. Sm.*).
Id.   aspera (*Ehr.*).
Id.   prœtexta (*Ehr.*).
Id.   granulata (*Ehr.*).
Id.   humerosa (*Breb.*).
Id.   exemta (*A. S.*).
Id.   plicata (*Ehr.*).
Id.   Smithii (*Breb.*).

Navicula directa (*Ralfs*).
Id.   didyma (*Ktz.*).
Id.   splendida (*Greg.*).
Id.   lacrymans (*A. S.*).
Id.   formosa (*Greg.*).
Id.   inflexa (*Ralfs*).
Id.   pelagi (*A. S.*).
Id.   erythrœa (*Grun.*).
Id.   Gründlerii (*A. S.*).
Id.   marina (*Jan*).
Id.   Weissflogii (*A. S.*).
Id.   Hennedyi (*W. Sm.*).
Id.   borealis (*Ktz.*).
Id.   distans (*Ralfs*).
Id.   Zostereti (*Grun.*).
Id.   elliptica var. oblongella (*Grun.*).
Id.   nobilis (*Ktz.*).
Id.   Hennedyi var. manca (*W. Sm.*).
Id.   crabro (*Ktz*).
Id.   brasiliensis (*Grun.*).
Id.   punctata var. coarctata (*Donk.*).
Id.   bullata var. Molleriana (*Norm.*).
Id.   puella (*A. S.*).
Id.   Lewisiana (*Grev.*).

Cette rare et belle navicule n'a été, à mon avis, bien représentée que par Greville dans le Quarterly de janvier 1863. A sec, elle est jaune-paille, on peut voir de fines stries parallèles qui sont perpendiculaires au raphé. Pas de stries croisées.

Van Heurckia Lewisiana. (*Breb.*).

Dans mes préparations cette navicule accompagne toujours la précédente. Sur celle-ci on voit distinctement les deux genres de stries qui sont croisées.

Scoliopleura tumida (*Rab.*).
Id.   Jennerii (*Grun.*).

Pleurosigma rhomboides (*Cl.*).
Id.   œstuarii (*W. Sm.*).

Pleurosigma decorum (*W. Sm.*).
Id.   balticum (*W. Sm.*).
Id.   curvulum (*Ralfs*).
Id.   balticum var. maximum (*W. Sm*).
Id.   Id.   forma minor.
Id.   rigidum (*W. Sm.*).
Id.   nubecula (*W. Sm.*).
Id.   delicatulum (*W. Sm.*).
Amphiprora paludosa (*W. Sm.*).
Id.   alata (*Ktz.*).
Rhoicosphenia marinum (*Grun.*).
Achnanthes brevipes (*Agh.*).
Id.   longipes (*Agh*).
Orthoneis splendida (*Greg.*).
Campyloneis Grevillei (*Grun.*).
Cocconeis scutellum (*Ehr.*).
Id.   pellucida (*Grun.*).
Synedra affinis (*Grun.*).
Sceptroneis marina (*Lager*).
Thalassiothryx nitzschioides (*Grun.*).
Fragilaria Schartzii (*Grun.*).
Id.   pacifica (*Grun.*).
Id.   parasitica.
Cymatosira Lorenziana (*Grun.*).
Raphoneis surirella var. australis (*Grun.*).
Id.   amphiceros (*Grun.*).
Denticula nanum (*Greg.*).
Id.   fulvum (*Greg.*).
Id.   Dusenii (*Cleve*).
Id.   minor (*Greg.*).

Plagiogramma Gregorianum (*Grev.*).
Id.   atomus (*Grev.*).
Id.   polymorphus (*Cleve*).
Climacosphenia moniligera (*Rab.*).
Grammatophora marina (*Ktz.*).
Id.   macilenta (*W. Sm.*).
Id.   maxima (*Grun.*).
Rhabdonema minutum (*Ktz.*).
Id.   arcuatum (*Ktz.*).
Id.   adriaticum (*Ktz.*).
Striatella unipunctata (*Agh*).
Id.   interrupta (*Heib.*).
Surirella fastuosa (*Ehr.*).
Campylodiscus Demœlianus (*Grun.*).
Id.   adriaticus (*Grun.*).
Id.   decorus (*Breb.*).
Id.   Thuretii (*Breb.*).
Nitzschia superba (*Leud.*).
Id.   tryblionella (*Grun.*).
Id.   heufleriana (*Grun.*).
Id.   latiuscula (*Grun.*).
Id.   calida (*Grun.*).
Id.   sigma (*W. Sm.*).
Id.   circumsuta (*Grun.*).
Id.   salinarum (*Grun.*).
Id.   constricta (*Ralfs*).
Id.   panduriformis (*Greg.*).
Id.   navicularis (*Grun*).
Id.   linearis (*W. Sm.*).
Id.   Brightwellii var. pustulata (*Brun.*).

Nitzchia africana, nov. sp. Pl. III, fig. 5.

Valve elliptique, lancéolée ; carène très épaisse, garnie de cellules espacées, aux deux extrémités une perle plus grosse. La valve est recouverte d'une ponctuation irrégulière, divisée en deux parties inégales par une ligne de cellules plus accentuées qui envoient de chaque côté de petites ramifications. Très rare. Long. 15 c. d. m. ; Larg. 6 c. d. m.

Chœtoceros hispidum (*Bright*).
Id.   Ralfsii (*Cleve*).|
Id.   coarctatum (*Lauder*).
Id.   paradoxum (*Cleve*).
Id.   boreale var. Brightwellii (*Br.*).
Bacteriastrum spirillum (*Cast.*).
Id.   varians (*Lauder*).
Syndendrium diadema (*Ehr.*).
Melosira lineolata (*A. S.*).
Id.   angulata (*Rab.*).
Id.   marina (*Ian.*).

Melosira sulcata (*Ktz.*).
Id.   granulata (*Bail*).
Id.   hispida (*Ian.*).
Cyclotella stylorum (*Br.*).
Id.   striata (*Grun.*).
Id.   pelagica (*Grun.*).
Id.   meneghiniana var. stelligera (*Grun.*).
Id.   comta (*Ktz.*).
Podosira hormoides (*Ktz.*).
Id.   maculata (*Sm.*).
Id.   Id.   var. (*A. S.*), 136/8, 10, 14.

Isthmia enervis (*Ehr.*).
Terpsinoë musica (*Ehr.*).

Terpsinoë americana (*Ralfs*).
Id.   intermedia (*Grun.*).

Pleurodesmium africanum, nov. sp. Pl. III, fig. 6.

Cette espèce, si voisine des Terpsinoë, est rare. La face connective est rectangulaire ; quatre côtes transversales fortes, expansions le plus souvent bifurquées, deux nodules à chaque extrémité. Le frustule et la valve présentent une série de renflements. Sur une partie seulement, le long des bords on voit une ponctuation très fine. Le Dr Van Heurck, dans son *Traité*, donne une figure du Pleurodesmium Brebissonii qui diffère sensiblement de celui-ci tant par sa forme que par la ponctuation.

Eunotogramma debilis (*Grun.*).
Id.   lœvis (*Grun.*).
Biddulphia radiata (*Rop.*).
Id.   aurita (*Breb.*).
Id.   pulchella (*Gray.*).
Id.   Tuomeyii (*Rop.*).

Biddulphia granulata (*Rop.*).
Id.   rhombus (*Sm.*).
Id.   obtusa (*Ralfs*).
Id.   Baileyi (*Sm.*).
Id.   longicruris (*Greg.*).
Id.   setosa (*A. S.*).

Biddulphia africana, nov. sp. Pl. III, fig. 7.

Cette espèce est rare. La valve, sur toute sa surface, porte des épines assez espacées ; deux ou trois sont plus fortes et courtes. La face connective d'apparence rectangulaire est limitée par deux rubans du côté de la valve ; je n'ai pu voir de striation.

Triceratium affine (*A. S.*).
Id.   favus (*Ehr.*).
Id.   var quadratum.
Id.   contortum (*Schad.*).
Id.   alternans (*Bail*).
Id.   cuspidatum (*A. S.*).
Id.   ? (*A. S.*), 99/26.
Id.   sculptum (*Shad.*).

Triceratium dubium (*Brigh.*).
Id.   bicorne (*Cleve*).
Id.   muriaticum (*Br.*).
Id.   scitulum (*Br.*).
Id.   Id.   var. quadratum.
Id.   inconspicuum (*Grev.*).
Id.   cruciforme (*A. S.*).

Triceratium quinquefolium, nov. sp. Pl. III, fig. 8.

Ce Triceratium présente cinq angles munis de lunules. La ponctuation très distincte à rayons divergents, un cercle inscrit accuse le bombement de la valve. Au centre, une petite rosace d'où partent, en se dirigeant vers les angles, cinq feuilles formées par un groupement de perles plus apparentes. Ce qui constitue un signe spécial à cette espèce.

Amphitetras antediluviana (*Ehr.*).
Cerataulus Smithii (*Ralfs*).
Id.   turgidus (*Ehr.*).

Cerataulus polymorphus (*Grun.*).
Auliscus punctatus (*Bail*).
Id.   sculptus (*Ralfs*).

Auliscus africanus, nov. sp. Pl. III, fig. 12.

Valve circulaire, bords épais, quatre ocelles symétriques traversés par les tries. Autour du centre, qui est lisse, partent d'élégantes arborisations qui se développent entre les ocelles. Sur le pourtour marginal on voit des stries courtes, très accusées.

Aulacodiscus africanus. A. S. dans son *Atlas* 102/4, donne cette espèce comme nouvelle, sans appellation, constatant seulement sa provenance d'une manière très vague.

Actinoptychus undulatus et var. (*Jan.*).	Actinoptychus denarius (*Ehr.*).
Id. vulgaris (*Sch.*).	Id. segmentatus (*Brun.*).
Id. splendens (*Ralfs*).	Id. heliopelta (*Grun.*).
Id. areolatus (*A. S.*).	Id. campanulifer (*A. S.*).
Id. septenarius (*Ehr.*).	

Actinoptychus reticulatus, nov. sp. Pl. III, fig. 9.

Valve circulaire à quatorze compartiments triangulaires très différents deux à deux. Les uns sont séparés de la bande marginale, qui est mince, par un large aspect lisse dont la forme est particulière à ce genre, le triangle est couvert d'une réticulation en forme de filet de pêche. Le triangle contigu est tout différent, il atteint le bord marginal. Sa surface striée présente deux particularités ; sur les côtés, cinq ou six épines ? ; ce triangle est divisé suivant sa longueur par une étroite bande lisse, sorte de perpendiculaire à la base qui, le plus souvent, est divisée en deux parties. L'espace central lisse, hyalin, polygonal, est déterminé par l'extrémité des cônes.

Actinoptychus mirans, nov. sp. Pl. IV, fig. 1.

Grande valve circulaire d'aspect moiré, divisée en six parties à peu près égales par une bande qui se dilate légèrement en forme d'entonnoir lorsqu'elle atteint la bande marginale. Au milieu de chaque cône, près du bord externe, une protubérance analogue à celle de certains Aulacodiscus.

Est-ce un Aulacodiscus ?

L'aréa est hexagonale, lisse, hyaline.

Actinoptychus africanus, nov. sp. Pl. III, fig. 11.

Valve circulaire assez compliquée. Elle est divisée en six cônes limités par une large bande striée et terminée en forme de massue. Les cellules valvaires sont en forme de polygones enveloppés de larges cellules ovalaires qui se présentent comme une couronne sur le bord interne de la bande marginale très épaisse et, en dehors, sur le bord externe de cette bande, six grosses épines saillantes disposées d'une manière symétrique. Le centre est lisse, hexagonal ; sur ses bords un peu irréguliers, dentelés, à l'extrémité interne des trois cônes en saillie, on remarque trois cellules en forme de coin, peu visibles sur la figure.

Actinoptychus rotifer, nov. sp. Pl. III, fig. 10.

Valve circulaire à bords minces, divisée en quatorze cônes de formes et de largeurs différentes. Les cônes qui font saillie dans l'aréa ont une disposition particulière, leur extrémité est hyaline avec une tache, une ligne qui s'épanouit sur le bord marginal les divise longitu-

3

dinalement en deux parties égales ; tandis que les cônes tronqués sont séparés de la bande marginale par un espace lisse. Au centre, une circonférence irrégulière et sombre forme le moyeu de la roue, il s'en détache des rayons au nombre de sept pour aboutir au sommet des cônes saillants. La valve, d'un aspect un peu moiré, est couverte de stries entrecroisées.

Asteromphalus variabilis (*Grev.*).
Actinocyclus Ralfsii (*Prit.*).
Coscinodiscus excentricus (*Ehr.*).
   Id.   devius (*A. S.*).
   Id.   decipiens (*A. S.*).
   Id.   lineatus (*Ehr.*).
   Id.   nitidus (*Greg.*).
   Id.   dœmelianus (*Grun.*).
   Id.   radiatus (*Ehr.*).
   Id.   centralis (*Ehr.*).
   Id.   fulvus (*Greg.*).

Coscinodiscus oculus iridis (*Ehr.*).
   Id.   asteromphalus var. conspicua.
   Id.   nodulifer (*Jan.*).
   Id.   asteromphalus (*Ehr.*).
   Id.   diplostictus (*A. S.*).
   Id.   pellucidus (*A. S.*).
   Id.   perforatus (*Ehr.*).
   Id.   micans (*A. S.*).
   Id.   obscurus (*A. S.*).
   Id.   debilis (*Grove*).
Euodia Ratabouli (*Brun.*).

Euodia Weissflogii, Pl. III, fig. 13.

M. Van Heurck, dans son *Atlas*, a donné une bonne figure de cette espèce qui, je le crois, est rare. Je l'ai dessinée et représentée ici à un grossissement de 600 diamètres.

GOLFE DE GUINÉE

Je n'ai eu à ma disposition qu'un slide de pélagiques cédé par M. Thum.

Achnanthes coarctata (*Grun.*).
Chœtoceros decipiens (*Cl.*).
   Id.   wighamii (*Br.*).
   Id.   pelagicus (*Cl.*).
   Id.   œquatoriale (*Cl.*).
   Id.   messanense (*Cast.*).
   Id.   robustum var. Japonicum (*Cl.*).
   Id.   atlanticum (*Cl.*).
   Id.   Javanicum (*Cl.*).
   Id.   paradoxum (*Cl.*).
   Id.   cornutum (*Leud.*).
   Id.   distans (*Cl.*).
Bacteriastrum varians (*Laud.*).

Bacteriastrum spirillum (*Cast.*).
Rhizosolenia setigera (*Br.*).
   Id.   styliformis (*Br.*).
   Id.   lœvis (*Per.*).
   Id.   Shrubsolii (*Cl.*).
   Id.   inermis (*Per.*).
Spermatogonia antiqua (*Leud.*).
Guinardia flaccida (*Per.*).
Actinoptychus undulatus (*Jan.*).
Stephanopyxis turris (*Ralfs*).
Coscinodiscus radiatus (*Ehr.*).
Triceratium Weissii (*A. S.*).

Triceratium guinense, nov. sp. Pl. IV, fig. 2.

Valve triangulaire, bords arrondis, épais, portant une ligne de fortes cellules allongées distribuées symétriquement. Sur la surface de la valve, des perles très visibles, espacées, sans ordre.

CAMEROON

Une seule préparation qui nous a été libéralement communiquée par M. H. Peragallo avec la détermination qui en a été faite par M. Cleve. Je ne saurais mieux faire que de publier ici l'étude du savant professeur d'Upsal.

Achnanthes inflata (*Grun.*).
Actinoptychus undulatus (*Ehr.*).
Amphiprora alata (*Ktz.*), var.
    Id.   conspicua (*Grev.*), var.
    Id.   pulchra (*Bail*), var.
Biddulphia longicornis (*Grev.*).
    Id.   mobiliensis (*Bail*).
Cerataulus Smithii (*Ralfs*).
    Id.   turgidus (*Ehr.*).
Coscinodiscus concinnus (*Sm.*).
    Id.   eccentricus (*Ktz.*).
    Id.   gigas (*Ehr.*).
    Id.   Kutzingii (*A. S.*).
    Id.   radiatus (*Ehr.*).
Cyclotella striata var. styliformis (*Bright*).
Cymbella tumida (*Breb.*).
Denticula ?
Epithemia gibberula (*Ktz.*).
Euodia margaritacea (*Brun.*).
Frustulia interposita (*Lewis*).
    Id.   Lewisiana (*Grev.*).
    Id.   vulgaris var. symmetrica (*Cl.*).
Hantzschia virgata (*Roper.*).
Hydrosera compressa (*Wall.*).

Navicula permagna (*Grev.*).
    Id.   bombus (*Ehr.*), var. minor.
    Id.   formosa (*Greg.*).
    Id.   Gründleri (*A. S.*).
    Id.   pusilla forma major.
    Id.   Smithii (*Breb.*).
    Id.   Yarrensis (*Grun.*).
Nitzschia Brightwellii (*Kitton*).
    Id.   circumsuta (*Bail*).
    Id.   Davidsonii (*Grun.*).
    Id.   granulata (*Grun.*).
    Id.   perversa (*Grun.*).
    Id.   sigma (*Sm.*).
    Id.   tryblionella (*Grun.*).
    Id.   victoria (*Grun.*).
Pleurosigma balticum var. chinensis (*Ehr.*).
    Id.   distortum (*Sm.*).
    Id.   scalproïdes (*Rab.*).
Polymyxus coronalis (*Bail*).
Surirella tenera (*Greg.*).
Terpsinoë americana (*Bail*).
Triceratium favus (*Ehr.*).
Tropidoneis lepidoptera var. proboscidea (*Cl.*).
    Id.   vitrea var. mediterranea (*Grun.*).

CONGO

C'est sur cette région que j'ai possédé les matériaux les plus abondants. Ils consistaient en plusieurs flacons, trop souvent stériles, contenant des pêches de surface au filet fin faites près de l'embouchure du fleuve. Ils m'ont été donnés par Deby et provenaient des récoltes scientifiques faites dans ces parages par un bâtiment d'Etat. Je dois accuser la même origine pour les îles de l'Ascension, de San Thome et de Principe.

Amphora bigibba (*Grun.*).
    Id.   crassa (*Greg.*).
    Id.   commutata (*A. S.*).

Amphora nana forma parva (*Greg.*).
    Id.   marina (*Sm.*).
    Id.   proteus (*Greg.*).

Amphora cymbifera (*Greg.*).
Id. granulata (*Greg.*).
Mastogloia apiculata (*Sm.*).
Stauroneis salina (*Sm.*).
Id. cruciformis (*Sm.*).
Id. africana (*Cl.*).
Cyclophora tenuis (*Cast.*).
Navicula bombus (*Ktz.*).
Id. Smithii (*Breb.*).
Id. elliptica (*Ktz.*).
Id. aspera (*Ehr.*).
Id. puella (*A. S.*).
Id. Johnsonii (*O'Meara.*).
Id. palpebralis.
Id. crabro (*Ktz.*).
Id. liber (*Sm.*).
Id. fusca (*Ralfs*).
id. lyra (*Ehr.*).
Id. bombus var. Kutzingii.
Id. major (*Ktz.*).
Id. sphœrosphora (*Ktz.*).
Id. ? (*A. S.*), 48/30.
Id. Zostereti (*Grun.*).
Id. forcipata (*Grev.*).
Id. borealis (*Ktz.*).
Id. scopulorum (*Breb.*).
Id. id. var. perlonga (*P.*).
Id. prœtexta (*Ehr.*).
Id. Lewisiana (*Grev.*).
Id. fusioïdes (*Grun.*).

Alloioneis antillarum (*Cl.*), forma minor.
Scoliopleura tumida (*Ralfs*).
Donkinia minuta (*Ralfs*).
Id. recta.
Pleurosigma acuminatum var. scalproïdes (*Sm.*)
Id. formosum (*Sm.*).
Id. hippocampus (*Sm.*).
Id. australe (*Grun.*).
Id. latum (*Cl.*).
Id. intermedium (*Sm.*).
Id. distortum (*Sm.*).
Id. curvulum (*Ralfs*).
Id. balticum (*Sm.*).
Id. Id. forma parva.
Id. vitreum (*Sm.*).
Amphiprora maxima (*Greg.*).
Id. plicata (*Greg.*).
Id. pusilla (*Greg.*).
Id. alata ((*Ktz.*).
Id. recta (*Greg.*).
Id. decusata (*Grun.*).
Id. paludosa (*Sm*).
Id. pelagica (*Grun.*).
Rhoicosphenia curvata (*Grun.*).
Achnanthes brevipes (*Ag.*).
Id. subsessilis (*Ehr.*).
Id. longipes (*Ag.*).
Id. coarctata (*Grun.*).
Orthoneis binotata (*Grun.*).

D'abord confondu parmi les Cocconeis, le diatomiste allemand n'est cependant pas satisfait de cette dernière détermination car, si nous suivons le curieux dialogue qu'il a avec Kitton sur les Diatomées du Honduras, in Monthly Micros-Journal, nous voyons qu'il est évident pour lui que c'est un Mastogloia. Il signale une particularité qui n'est mentionnée nulle part. Les deux loges semi-circulaire, à l'état vivant, porteraient au point où elles touchent le bord marginal, deux longues épines.

Kitton prétend qu'il n'a pas suffisamment étudié le genre Mastogloia pour infirmer ou confirmer les dire de Grunow. Il préfère cependant conserver le genre Mastogloia tel qu'il est sinon le faire rentrer tout entier dans Orthoneis.

Campyloneis Grevillei (*Grun.*).
Cocconeis scutellum (*Ehr.*).
Id. Id. var. euglypta.
Id. pellucida (*Htz.*).
Id. dirupta (*Greg.*).
Id. Id. var. advena.

Cocconeis curvirotunda (*Temp. et Br.*).
Synedra lœvigata (*Grun.*).
Id. affinis (*Ktz.*).
Id. Id. var. angustata.
Id. Id. var. acuminata.
Id. capillaris (*Grun.*).

Synedra decipiens (*Cl.*).
   Id.   fulgens (*Sm.*).
   Id.   Id.   var. mediterranea.
   Id.   Gaillonii (*Ehr.*).
   Id.   crystallina (*Ktz.*).
   Id.   cornigera (*Grun.*).
Toxarium Hennedyi (*Gr.*).
   Id.   undulatum (*Greg.*).
Pseudo-synedra sceptroïdes (*Grun.*).
Thalassionema nitzschioïdes (*Grun*).
Thalassiothrix Frauenfeldii (*Grun.*).
   Id.   Id.   var. arctica.
   Id.   longissima (*Cl.*).
Asterionnella Bleakeleyi (*Sm.*).
   Id.   gracillima (*Heib.*).
Fragilaria hyalina (*Grun*).
   Id.   islandica (*Grun.*).
   Id.   pacifica (*Grun.*).

Fragilaria parasitica var. trigona (*Grun.*).
Rhoïcosigma marinum (*Grun.*).
Cymatosira Lorenziana (*Grun.*).
Campylosira cymbelliformis (*Grun.*).
Raphoneis surirella (*Ehr.*).
   Id.   amphiceros (*Ehr.*).
   Id.   belgica (*Grun*).
   Id.   rhombus (*Ehr.*).
   Id.   liburnica (*Grun.*).
   Id.   amphiceros var. trigona (*Grun.*).
   Id.   Id.   var. tetragona (*Grun.*).
   Id.   Id.   forma minor.
Trachysphenia australis (*Petit*).
Grunowella gemmata (*V. H.*).
Opephora Schwartzii (*Petit*).
Glyphodesmis Williamsonii (*Schm.*).
   Id.   distans (*A. S.*).

Glyphodesmis africanum, nov. sp. Pl. IV, fig. 3.

Cette rare espèce, qui se trouve aussi à Dakar, ne laisse pas que de susciter des doutes sur sa nature et sa place. Elle est entièrement hyaline ; je ne lui trouve de comparaison que dans l'*Atlas* de Schmidt 210/28, 29, qui, avec un point d'interrogation, la désigne : Plagiogramma constrictum ?

Plagiogramma Gregorianum (*Grev.*).
   Id.   Van Heurckii (*Grun.*).
Dimeregramma nanum (*Ralfs*).
   Id.   marinum (*Ralfs*).
Licmophora debilis var. lœvissima (*Grun.*).
   Id.   Id.   var. Lewissiana (*Grun.*).
   Id.   tincta (*Grun.*).

Licmophora Lyngbyei (*Grun.*).
   Id.   flabellata (*Ag.*).
   Id.   tenuis (*Grun.*).
   Id.   ovata (*Grun.*).
   Id.   gracilis (*Grun.*).
   Id.   communis (*Grun.*).
   Id.   hyalina (*Grun.*).

Licmophora africana, nov. sp. Pl. IV, fig. 4.

Cette espèce est très rare et d'une forme singulière. Je n'ai su la rapporter qu'à ce genre.

Climacosphenia moniligera (*Rab.*).
Denticula subtilis (*Grun.*).
   Id.   Dusenii (*Cl.*).
Grammatophora macilenta (*Sm*).
   Id.   Id.   var. subtilis.
   Id.   hamulifera (*Ktz*).

Grammatophora uncina (*Leud.*).
   Id.   marina (*Ktz.*).
   Id.   flexuosa (*Grun.*).
   Id.   perpusilla (*Grun.*).
   Id.   serpentina (*Ehr.*).
   Id.   gallopagense (*Grun.*).

Grammatophora punctata, nov. sp. Pl. IV, fig. 5.

Ce Grammatophora est remarquable par sa taille et son développement. Les stries sont très visibles. Sur les bords on voit de grosses perles qui ne sont pas régulièrement espacées. Il est renflé dans la partie médiane. Longueur 8 c. d. m. ; Largeur 2,5 c. d. m. Rare.

Rhabdonema arcuatum (*Ktz.*).
Id.   adriaticum (*Ktz.*).
Id.   minutum (*Ktz.*).
Climacosira mirifica (*Grun.*).
Id.   indica (*Grun.*).
Striatella unipunctata (*Ag.*).
Podocystis spathulatum (*Ktz.*).
Surirella fastuosa (*Ehr.*) et var.
Id.   Smithii (*Ralfs*).
Id.   gemma (*Ehr.*).
Campylodiscus parvulus (*Sm.*).
Id.   Thuretii (*Breb.*).
Id.   Lorenzianus (*Grun.*).
Id.   eccentricus (*Ehr.*).
Hantzschia amphioxys (*Cl.*).
Nitzschia longissima (*Grun.*).
Id.   sigmoïdea (*Sm.*).
Id.   cursoria (*Grun.*).
Id.   sigma (*Sm.*).
Id.   panduriformis (*Greg.*).
Id.   commutata (*Grun.*).
Id.   salinarum (*Sm.*).
Id.   lanceolata (*Sm.*).
Id.   major (*Grun.*).
Id.   elegantula (*Grun.*).
Id.   fasciculata (*Grun.*).
Id.   socialis (*Greg.*).
Id.   obtusa (*Sm.*).

Nitzschia obtusa var. Schweinfurthii.
Id.   tryblionella (*Grun.*).
Id.   spectabilis (*Rab*).
Nitzschiella longissima (*Rab.*).
Rhizosolenia setigera (*Br.*).
Id.   indica (*Per.*).
Id.   hebetata (*Bail*).
Id.   styliformis (*Bri*).
Id.   alata (*Br.*).
Id.   robusta (*Norman*).
Chœtoceros boreale (*Bail*).
Id.   coarctatum (*Laud.*).
Id.   socialis (*Laud.*).
Id.   paradoxum (*Cl.*).
Id.   incurvum (*Bail*).
Id.   Lorenzianus (*Grun.*).
Id.   Wighamii (*Bri.*).
Id.   distans (*Cl.*).
Bacteriastrum varians (*Laud.*).
Id.   Id.   var. princeps.
Id.   brevispinum (*Cast.*).
Melosira nummuloïdes (*Ag.*).
Id.   striata (*A. S.*).
Id.   sculpta (*Ktz.*).
Id.   crenulata (*Ktz.*).
Id.   Jurgensii (*Ag.*).
Id.   marina (*Jan.*).
Id.   granulata (*Bail*).

Melosira major, Pl. IV, fig. 6.

Je n'ai pu voir la valve de ce Melosira, d'ailleurs rare. Je ne représente donc que la face connective en me guidant pour la diagnose sur l'*Atlas* de Schmidt 177/2 qui l'indique comme fossile d'Oamaru.

Melosira incertum, nov. sp. Pl. IV, fig. 7.

La détermination est assez difficile ; je me suis demandé si ce n'était pas un Paralia ? On ne saurait guère s'arrêter à cette idée quand on se reporte à la description du genre donnée dans le *Traité* de M. Van Heurck. Il a d'ailleurs quelque affinité avec Melosira recedens. A. S. 177/62-63-64.

Pyxilla baltica (*Grun.*).

Rare au Congo comme partout, je crois. Je ne l'avais encore rencontré que dans la Manche, sur le banc de la Petite-Sole.

Skeletonema costatum (*Grun.*). Très commun, présente beaucoup de variétés qu'il est souent difficile de séparer des Melosira.

Trochosira Congoi, nov. sp. Pl. IV, fig. 8.

Cette espèce, très mal définie, a été créée par Kitton pour deux variétés qu'il avait trouvées dans la terre de Mors. En tout cas, la parenté avec les Melosira doit être prochaine.

Cyclotella stylorum (*Brig.*).	Podosira maculata (*Sm.*).
Id. striata (*Gr.*).	Id. Montagnei (*Ktz.*).

Podosira terebro, nov. sp. Pl. IV, fig. 9.

La face connective se présente en forme de coupe tronconique limitée par une ceinture ornée de grosses perles, la surface semée d'aspérités. La face valvaire circulaire, avec un bord marginal épais est très bombée, couverte d'épines disséminées ; autour du centre, qui est hyalin, une couronne d'épines plus robustes. Les deux figures sont dessinées à 600 diamètres. Cette espèce, fréquente dans ces parages, est surtout abondante dans l'estomac des tarets.

Lithodesmium undulatum (*Ehr.*).	Triceratium quadratum (*Grev.*).
Biddulphia rombus (*Sm.*).	Id. bicorne (*Cl.*).
Id. pulchella (*Gray.*).	Amphitetras antediluviana (*Ehr.*).
Id. aurita (*Breb.*).	Ditylum Ehrenbergii (*Bail*).
Id. Baileyi (*Sm.*).	Cerataulus polymorphus (*Cl.*).
Id. regina (*Sm.*).	Id. Smithii (*Ralfs*).
Id. longicruris (*Grev.*).	Id. lœvis (*Ralfs*).
Id. Smithii (*Grev.*).	Id. californicus (*A. S.*).
Id. Weissflogii (*Grun.*).	Stephanopyxis corona (*A. S.*).
Triceratium parallelum var. Balearica (*Grev.*).	Id. kittoniana (*A. S.*).
Id. intricatum (*West.*).	Cestodiscus proteus (*Grev.*).
Id. scitulum forma quadrata (*Brgh.*).	Actinoptychus undulatus (*Jan.*).
Id. contortum (*Schad.*).	Id. clavatus (*A. S.*).
Id. favus (*Ehr.*).	Id. vulgaris (*Sch.*).
Id. bullosum (*Witt.*).	Id. splendens (*Ralfs*).
Id. pentacrinus (*Wall.*).	Id. capensis (*A. S.*).
Id. alternans (*Bail*).	Id. glabratus var.

Actinoptychus separatus, nov. sp. Pl. IV, fig. 10.

Il est presque impossible de donner une description intelligible de ce beau disque. Il est surtout remarquable par une bande hyaline circulaire qui sépare distinctement la valve en deux parties.

Aulacodiscus crux (*Ehr.*).	Actinocyclus Ralfsii (*Prit.*).
Id. africanus (*A. S.*).	Id. splendens (*A. S.*).

Actinocyclus africanus, nov. sp. Pl. IV, fig. 11.

Cette espèce discoïde présente une valve couverte de perles, au centre quelques-unes d'entre elles plus accusées et sur la bande marginale, placés sans ordre, quatre ou cinq tubercules analogues à ceux d'un Eupodiscus.

Hemiaulus polymorphus, var. frigida. Pl. I, fig. 24.

Dans cette région les Hemiaulus sont très rares et c'est la seule espèce que j'ai rencontrée.

Coscinodiscus decipiens (*A. S.*).
Id. centralis (*Ehr.*).
Id. nitidus (*Greg.*).
Id. circumdatus (*A. S.*).
Id. radiatus (*Ehr.*).
Id. lineatus (*Ehr.*).
Id. entoleion (*A. S.*).
Id. ? (*A. S.*), 114/6.

Coscinodiscus nobilis (*Grun.*).
Id. oculus iridis (*Ehr.*).
Id. asteromphalus var conspicua (*Ehr.*)
Id. symetricus (*Grev.*).
Id. concinnus (*Sm.*).
Id. marginatus (*Ehr.*).
Id. omphalanthus (*Ehr.*).
Id. excentricus (*Ehr.*).

Cette récolte est très riche en larges et beaux disques que je n'ai pu dessiner en entier. Beaucoup d'entre eux mesurent plus de 30 c. d. m. de diamètre et comme, pour les bien voir, il faut recourir à un grossissement de 500 diamètres, la chambre claire d'Abbe ne peut les embrasser en entier. Ils sont aussi remarquables par leur caractère épineux et je ne représente que le centre de quatre d'entre eux.

Planche IV, fig. 12. Larges cellules enveloppées d'une ponctuation pentagonale très accentuée, rayonnante, bord marginal épais. Diamètre 27 c. d. m.

La figure 13 a une aréa irrégulière qui délimite un champ de nombreuses épines, forte ponctuation rayonnante en tourbillons. Diamètre 35 c. d. m.

Planche V, fig. 1. Ponctuation pentagonale, rayonnante, bords épais, aréa couverte d'épines. Diamètre 29 c. d. m.

La figure 2 de cette planche V est un très grand disque, dans l'aréa une couronne épineuse disposée en trapèze. La ponctuation est très fine.

Ethmodiscus punctiger. (*Castr.*).

Euodia Weissflogii (*Grun*).
Id. inornata (*Grun.*).

Euodia radiata (*Grun.*).

Euodia Ratabouli, nov. sp. (*Brun.*), pl. V, fig. 3.

Cette petite Diatomée, très commune sur la côte du Congo, a été déterminée et nommée par M. le professeur Brun.

Spermatogonia antiqua (*Leud.*).

WALFISH BAY

Petit port situé dans le Sud de l'Afrique Occidentale, sous le tropique du Capricorne. J'ai pu faire les déterminations suivantes grâce à la complaisance de M. Brun, qui m'a communiqué trois préparations.

Navicula Smithii (*Breb.*).
Id.   elliptica (*Ktz*).
Id.   aspera (*Ehr.*).
Stauroneis spicula (*Sm.*).
Pleurosigma vitreum (*Sm.*).
Rhoicosphenia curvata (*Grun.*).
Achnanthes coarctata (*Grun*).
Id.   subsessilis (*Ehr.*).
Cocconeis dirupta (*Greg.*).
Id.   Id.   var. minor.
Id.   scutellum (*Ehr.*).
Id.   placentula var. meridionalis (*Brun.*).
Orthoneis Grevillei (*Grun.*).
Synedra affinis var. genuina (*Grun.*).
Fragilaria pacifica (*Grun.*).
Raphoneis liburnica (*Grun*).
Id.   amphiceros (*Ehr.*).
Gephyria incurvata (*Ralfs*).
Licmophora Lyngbyei (*Grun.*).

Climacosphenia moniligera (*Rab.*).
Grammatophora serpentina (*Ehr.*).
Id.   maxima (*Grun.*).
Id.   nodulosa (*Grun.*).
Id.   oceanica (*Grun.*).
Id.   perpusilla (*Grun.*).
Id.   hamulifera   var.   constricta
    (*Grun.*).
Chœtoceros Lorenzii (*Gr.*).
Id.   distans (*Cl.*).
Id.   protuberans (*Cl.*).
Paralia sulcata (*A. S.*).
Cyclotella striata (*Gr.*).
Podosira maculata (*Sm.*).
Id.   delicatula.
Hemiaulus alatus (*Grev.*).
Id.   polymorphus (*Grun.*).
Id.   polycistinorum (*Ehr.*).

Hemiaulus Walfishii, nov. sp. Pl. V, fig. 4.

Les Hemiaulus ne sont pas rares à Walfish, ils présentent surtout des formes signalées à Dakar.

Corinna elegans, Pl. V, fig. 5.

Il me semble que cette espèce doit être rapprochée, sinon identifiée, à celle représentée par Gründler dans A. S. 144/2-4.

Biddulphia aurita (*Breb.*).
Id.   lata (*A. S.*).
Isthmia capensis (*Grun.*).
Amphitetras antediluviana (*Ehr.*).
Auliscus sculptus (*Ralfs*).
Aulacodiscus africanus (*A. S.*).
Cerataulus turgidus et var. (*A. S.*).
Id.   polymorphus (*A. S.*).
Id.   Smithii (*Ralfs*).
Actinoptychus splendens.
Id.   biformis (*Brun.*).

Brightwellia elaborata (*Grev.*).
Actinocyclus Ralfsii (*Prit.*).
Id.   subtilis (*Grev.*).
Coscinodiscus concavus (*A. S.*).
Id.   nitidus (*Greg.*).
Id.   lineatus (*Ehr.*).
Id.   Woodwardtii (*A. S.*).
Id.   concinnus (*A. S.*).
Id.   centralis (*Ehr.*).
Id.   oculus iridis (*Ehr.*).
Id.   micans (*A. S.*).

Coscinodiscus Brunii, nov. sp. Pl. V, fig. 6.

J'ai trouvé ce joli disque dans une préparation appartenant à M. Brun. La bande marginale est assez accusée, la valve est couverte de fines perles égales : Autour du centre on voit dix cellules hyalines, tronconiques, formant couronne, qui donnent l'idée de petites feuilles.

Eupodiscus crassus (*Greg.*).

Hyalodiscus stelliger (*Bail*).

4

KALK-BAY

C'est une petite station, non mentionnée sur les cartes, voisine du cap de Bonne-Espérance. Je n'ai analysé qu'une seule préparation qui m'a été communiquée par M. Van Heurck.

Navicula aspera (*Ehr.*).
Id.   notabilis (*Grev.*).
Id.   interrupta (*Bail*).
Id.   Williamsonii (*O'Meara*).
Achnanthes subsessilis (*Ehr.*).
Fragilaria pacifica (*Grun.*).
Id.   capensis (*Grun.*).

Plagiogramma Gregorianum (*Grev.*).
Podosira maculata (*Sm.*).
Terpsinoë americana (*Ralfs*).
Biddulphia setosa.
Id.   aurita (*Breb.*).
Coscinodiscus nitidus (*Greg.*).
Euodia Weissflogii (*Grun.*).

Eunotogramma frauenfeldii. Pl. V, fig. 7.

M. Van Heurck dans son *Atlas* ne donne que l'aspect de la valve. Je l'ai dessiné de face et de profil.

ILES DU CAP VERT

C'est encore à l'amabilité de M. Van Heurck que je dois la communication de deux slides étiquetés : Leton Bank.

Quand on étudie le magnifique *Atlas* de Schmidt on est confondu de l'ignorance dans laquelle on se trouve au point de vue géographique. Les plus petites localités y sont inscrites sans aucun point de repère qui puisse guider, il en est ainsi de Leton Bank si bien étudié par Janisch et qu'il faut traduire par : *Iles du Cap Vert*.

Amphora contracta.
Id.   fluminensis (*Grun.*).
Id.   Janischii (*A. S.*).
Id.   ? (*A. S.*), 26/43.
Id.   composita (*Jan*).
Id.   formosa (*Cl.*).
Id.   ? (*A. S.*). 39/4.
Id.   Eulensteinii var. (*Grun.*).
Id.   ? (*A. S.*), 40/29.
Id.   ? (*A. S.*). 39/11.
Id.   nana (*Greg.*).
Id.   gibba (*Greg.*).
Id.   spectabilis (*Greg.*).
Id.   exornata (*Jan.*).

Amphora angustata (*Greg.*).
Id.   egregia (*Ehr.*).
Id.   Gründleri (*A. S.*).
Id.   crassa (*Greg.*).
Id   Wittsteinii (*Jan.*).
Id.   ? (*A. S.*), 69/10.
Id.   lœvissima (*Greg*).
Id.   arcuata (*Greg.*).
Navicula Neumeyerii (*Jan.*).
Id.   nebulosa var. (*Greg.*).
Id.   bombus (*Ehr.*).
Id.   separabilis (*A. S.*).
Id.   aspera (*Ehr.*).
Id.   seductilis (*A. S.*).

Navicula forcipata var. densestriata (*Grev.*).
Id.   Smithii (*Breb.*).
Id.   Hennedyi (*Sm.*).
Id.   crabro (*Ktz.*).
Id.   diplosticta (*Grun.*).
Id.   forcipita (*Grev.*).
Id.   pristiophora (*A. S.*).
Id.   eudoxia (*A. S.*).
Id.   Schleinitzii (*A. S.*).
Id.   constricta var. (*Ehr.*).
Id.   papula (*Grun.*).
Id.   puella (*A. S.*).
Id.   coffeiformis var. subcircularis (*A. S.*).
Achnantidium Baldjickii (*A. S.*).
Cyclophora tenuis (*Cast.*).
Orthoneis Grevillei (*Grun.*).
Cocconeis scutellum (*Ehr.*).
Id.   pellucida (*Grun.*).
Id.   gibbocalyx (*Brun.*).
Id.   dirupta (*Greg.*).
Id.   Id.   var. (*Greg.*).
Id.   Id.   var. africana (*A. S.*).
Id.   contermina (*A. S.*).

Cocconeis Grunowii (*A. S.*).
Id.   Ahlfeldii (*Jan.*).
Id.   Schleinitzii (*Janisch*).
Id.   primata (*Greg.*).
Id.   arcta (*A. S.*).
Id.   heteroïdea (*Hantz.*).
Id.   cornuta (*Jan.*).
Id.   Lagersheimii (*Cl.*).
Id.   distans (*Greg.*).
Dimeregramma Williamsonii (*Grun.*).
Plagiogramma Gregorianum (*Grev.*).
Id.   sulcatum (*Cl.*).
Glyphodesmis eximia (*Grev.*).
Grammatophora marina (*Ktz.*).
Id.   longissima (*Petit*).
Id.   macilenta (*Sm.*).
Id.   lyrata (*Grun.*).
Id.   serpentina (*Ehr.*).
Id.   angulosa (*Ehr.*).
Rhabdonema adriaticum (*Ktz.*).
Surirella manca (*A. S.*).
Id.   fastuosa et var. (*Ehr.*).

Surirella nuda, nov. sp. Pl. V, fig. 8.

Valve ovoïde, extrémités arrondies, sur les bords de gros cellules pentagonales, de chacune d'elles part une côte linéaire qui atteint une aréa fusiforme striée aux deux extrémités.

Surirella africana, nov. sp. Pl. V, fig. 9.

Valve oblongue, elliptique, panduriforme ; légèrement étranglée, extrémités arrondies. Les côtes doubles délimitent une aréa ovoïde, allongée, lisse. Les arcades n'atteignent pas les bords qui en sont séparés par une bande striée.

Surirella mirabilis, nov. sp. Pl. V, fig. 10.

Cette Diatomée ne présente pas tous les caractères des Surirellées. C'est une valve ovoïde dont les bords sont assez minces, parcourue par une série d'arcades limitant une aréa fusiforme, lisse. Entre chaque arcade on remarque des tries longitudinales renforcées aux extrémités et à la partie médiane.

Campylodiscus decorus (*Breb.*).
Id.   ambiguus (*Grev.*).
Id.   latus (*Shad.*).
Nitzschia bilobata (*Sm.*).
Biddulphia pulchella (*Gray.*).
Triceratium favus (*Ehr.*).

Triceratium biquadratum (*A. S.*).
Auliscus sculptus (*Ralfs*).
Pseudaulicus Letoniensis (*A. S.*).
Coscinodiscus radiatus (*Ehr.*).
Id.   cocconeiformis var. (*A. S.*).
Id.   nitidus (*Greg.*).

ILE DU PRINCE

J'ai indiqué précédemment quelle était l'origine de cette récolte et de celles qui vont suivre. L'analyse ci-contre provient du lavage d'une petite quantité de sable pris sur le rivage.

Amphora salina (*Sm.*).
Id. lyrata (*Greg.*).
Id. marina (*S. m.*).
Id. recta (*Greg.*).
Navicula peregrina (*Ktz.*).
Id. Smithii (*Breb.*).
Id. elliptica (*Ehr.*).
Id. lyra (*Ehr.*).
Id. linearis (*Grun.*).
Id. digito-radiata (*Ralfs*).
Id. arenaria (*Donk.*).
Id. ? (*A. S.*), 44/57.
Id. aspera (*Ehr.*).
Id. borealis (*Ktz.*).
Id. longa (*Ralfs*).
Id. humerosa (*Breb.*).
Id. palpebralis (*Breb.*).
Id. forcipata (*Grev.*).
Id. abrupta (*Donk.*).
Id. bombus (*Ehr.*).
Id. crabro (*Ktz.*).
Achnanthes exigua (*Gr.*).
Id. subsessilis (*Ehr.*).
Id. manifera (*Brun.*).
Cocconeis scutellum (*Ehr.*).
Id. dirupta (*Greg.*).
Raphoneis amphiceros (*Ehr.*).

Synedra fulgens (*Sm.*).
Roicosphenia marinum (*Grun.*).
Plagiogramma Gregorianum (*Grev.*).
Id. Wallichianum (*A. S.*).
Id. uncina (*A. S.*).
Id. ornatum (*A. S.*).
Id. hamulifera (*A. S.*).
Licmophora Lyngbyei (*Grun.*).
Amphiprora alata (*Ktz.*).
Id. recta (*Greg.*).
Nitzschia closterioïdes (*Grun.*).
Id. commutata (*Grun.*).
Id. constricta (*Ralfs*).
Id. panduriformis (*Greg.*).
Id. sigma (*Sm.*).
Rhizosolenia setigera (*Brig.*).
Guinardia Blavyana (*Per.*).
Chœtoceros paradoxum (*Cl.*).
Ditylum intricatum (*A. S.*).
Melosira nummuloïdes (*Ag.*).
Id. crenulata (*Rab.*).
Id. granulata (*Ralfs*).
Cyclotella stylorum (*Bri.*).
Id. Comensis (*Grun.*).
Biddulphia aurita (*Breb.*).
Id. pulchella (*Gray.*).
Id. Tuomeyi (*Bail.*).

Biddulphia phallus, nov. sp. Pl. V, fig. 11.

Cette espèce est non seulement remarquable par sa forme mais aussi par la bande connective ornée de rubans lisses qui l'enveloppent. La valve est ovoïde, finement striée et couverte de petites épines.

Triceratium bullosum (*A. S.*).
Id. bicorne (*A. S.*).

Triceratium punctatum forma hexagona (*A. S.*).
Id. megastomum (*A. S.*).

Triceratium Petitianum, nov. sp. Pl. V, fig. 12.

C'est à mon cher ami et maître, le savant diatomiste M. Paul Petit, que je veux dédier ce curieux Triceratium ?

Je n'ai trouvé à s'en rapprocher que la fig. 10, pl. XIVC, de Ad. Schmidt, encore n'a-t-on reproduit qu'un fragment fossile, insuffisant, provenant des Barbades.

Cette Diatomée, rare, est quadrangulaire, bords épais largement arrondis, présente une ponctuation accusée assez irrégulière avec de fortes épines au centre. La face connective est également intéressante. La plus grande largeur est de 7 c. d. m. ; la plus petite 4 c. d. m. La face connective mesure 6 c. d. m.

Surirella fastuosa (*Ehr.*). | Surirella patens (*A. S.*).

Surirella principis, nov. sp. Pl. V, fig. 13.

Valve oblongue, elliptique, le bord épais est garni de nombreux entonnoirs entre chacun desquels on voit deux fines côtes renforcées vers le milieu par deux ou trois stries plus accusées. L'aréa oblongue est lisse et limitée par de courts septa.

Longueur 8 c. d. m. ; Largeur 5 c. d. m.

Surirella theresa, nov. sp. Pl. V, fig. 14.

Valve ovoïde dont une extrémité est largement arrondie et l'autre aiguë. La partie marginale est garnie d'entonnoirs reliés par des arcades. Les septa qui joignent l'aréa laissent un petit espace lisse entre eux et le bec des entonnoirs. L'aréa fusiforme est bien délimité par une bande de fines stries et porte quelques septa irréguliers ne se joignant pas.

Hauteur 7,4 c. d. m. ; Largeur, 4,3 c. d. m.

Surirella leona, nov. sp. Pl. V, fig. 15.

Valve ovalaire largement arrondie aux deux extrémités. La partie marginale est épaisse, supporte des entonnoirs assez distants reliés par une arcade concave qui enferme plusieurs côtes. Du bec de chaque entonnoir part un septa peu épais qui atteint une aréa lisse, fusiforme qui est bien limitée par de grosses côtes.

Hauteur 6,8 c. d. m. ; Largeur 4,5 c. d. m.

Podosira terebro (*Leud.*). | Eunotogramma lœvis (*Gr.*).
Cerataulus lœvis (*Gr.*). | Campylodiscus parvulus (*Sm.*).
Actinocyclus Ralfsii (*Prit.*). | Euodia Ratabouli (*Brun.*).
Aulacodiscus Johnsonii (*A. S.*).

ILE SAN-THOME

Lavage de quelques débris d'algues. J'ai maintenu à cette île son nom portugais officiel afin de ne pas la confondre avec l'île Saint-Thomas qui appartient aux Antilles.

Amphora lœvissima (*Greg.*). | Amphora crassa var. punctata.
Id.   crassa (*Greg.*). | Id.   salina (*Sm.*).

Amphora cymbifera (*Greg.*).
Id.   bigibba (*Grun.*).
Id.   exornata (*Jan.*).

Amphora robusta (*Greg.*).
Id.   ventricosa (*Greg.*).

Amphora guinense, nov. sp. Pl. V, fig. 16.

Frustule rectangulaire, bords arrondis, du milieu du bord concave part un septa qui divise la valve en deux parties égales, cette valve est lisse. Le connectif très développé présente des septa superposés, les uns sont droits, perpendiculaires aux bords du frustule, tandis que d'autres forment des courbes qui aboutissent à de petits tubercules.

Mastogloia ovalis (*A. S.*).
Id.   entoleion (*Cl.*).
Id.   angulata (*Lewis*).
Id.   elegans (*Lewis*).
Id.   minuta (*Grev., Per.*).
Id.   interrupta (*Htz.*).
Id.   lanceolata (*Sm.*).
Id.   citrus (*Cl.*).
Id.   ? (*A. S.*), 188/32.
Id.   ? (*A. S.*), 186/22.
Id.   ? Smithii (*Thw.*).
Id.   ? (*A. S.*), 187/21.
Id.   Grevillei (*Sm.*).
Id.   marginatula (*Grun., Per.*).
Id.   bisulcata var. Corsicana (*Grun.*).
Id.   erythrea (*Gr.*).
Id.   Id.   var. ocellata (*Grun., Per.*).
Id.   exigua (*Lewis*).
Id.   heteroïdea (*Hant.*).
Id.   pusilla (*Grun.*).
Stauroneis spicula (*Hickie., Per.*).
Id.   salina (*Sm.*).
Pleurosigma robustum (*Sm.*).
Id.   rigidum (*Sm.*).
Id.   elongatum var. balearicum.
Id.   intermedium (*Sm.*).
Id.   scalproïdes (*Rab.*).
Id.   balticum (*Ehr.*).
Id.   Id.   forma minor.
Id.   œstuarii (*Sm.*).
Id.   hippocampus (*Ehr.*).
Id.   formosum (*Sm.*).
Donkinia recta (*Gr.*).
Rhoicosigma oceanicum (*Grun.*).
Amphiprora lepidoptera (*Greg.*).
Navicula peregrina (*Ktz.*).
Id.   aspera (*Ehr.*).

Navicula papulla (*Grun.*).
Id.   bombus (*Ktz.*).
Id.   palpebralis (*Breb.*).
Id.   pandura (*Breb.*).
Id.   maxima (*Greg.*).
Id.   apiculata (*Breb.*).
Id.   instabilis (*A. S.*).
Id.   pseudo bacillum (*A. S.*).
Id.   splendida (*Greg.*).
Id.   crabro (*Ktz.*).
Id.   suspecta (*A. S.*).
Id.   plicata (*Donk.*).
Id.   longa (*Ralfs*).
Id.   Zostereti (*Grun.*).
Id.   Biblos (*Cl.*).
Id.   distans (*Ralfs*).
Id.   pennata (*A. S.*).
Id.   spuria (*Cl.*).
Id.   bottnica (*Grun., Per.*),
Id.   cryptocephala (*Ktz.*).
Id.   rhyncocephala (*Ktz.*).
Berkeleyia rutilans (*Grun.*).
Cyclophora tenuis (*Cast.*).
Rhoicosphenia curvata (*Grun.*).
Achnanthes longipes (*Ehr.*).
Id.   brevipes (*Ehr.*).
Orthoneis splendida (*Greg.*).
Id.   binotata (*Grun.*).
Id.   Grevillei (*Gr.*).
Id.   crucicula (*Gr.*).
Cocconeis dirupta (*Greg.*).
Id.   Id.   var. inflexa (*Grun.*).
Id.   scutellum (*Ehr.*).
Id.   Id.   var. gemmata (*Grun.*).
Id.   lineata var. euglypta (*Ehr.*).
Id.   flexella (*Jan.*).
Id.   splendida (*Greg.*).

Cocconeis pellucida (*Htz.*).
Id.   Id.   var. minor (*Per.*).
Id.   Id.   var. lineata (*Grun.*).
Id.   lineata (*A. S.*), 192/33.
Id.   Kinkeri (*A. S.*), 191/37.
Id.   granulifera (*Grev., A. S.*).
Synedra Gaillonii (*Ehr.*).
Id.   superba (*Ktz.*).
Id.   fulgens (*Ktz.*).
Id.   lœvigata var. angustata (*Grun.*).
Id.   provincialis (*Grun.*).
Id.   undulata (*Bail*).
Id.   tabulata (*Ktz.*).
Id.   investiens (*Sm.*).
Id.   affinis var. acuminata (*Grun.*).
Id.   Hennedyana (*Greg.*).
Pseudo-Synedra sceptroïdes (*Grun.*).
Thalassionema nitzschioïdes (*Grun.*).
Asterionella notata (*Grun.*).
Thalassiothryx longissima (*Cl.*).
Id.   nitzschioïdes var. obtusa (*Grun.*).
Id.   Id.   var. Javanica (*Grun.*).
Id.   marina (*Grun.*).
Cymathosira Lorenziana (*Grun.*).
Campylosira cymbelliformis (*Grun.*).
Raphoneis amphiceros (*Ehr.*).
Id.   gemmifer (*Grun.*).
Id.   scalaris (*Grun.*).
Sceptroneis caduceus (*Ehr.*).
Opephora Schwartzii (*Petit*).
Dimeregramma fulvum (*Greg.*).

Dimeregramma nanum (*Greg.*).
Plagiogramma Wallichianum (*Grev.*).
Id.   Gregorianum (*Grev.*).
Licmophora Lyngbyeii (*Ktz.*).
Id.   Id.   var. Pappeana (*Grun.*).
Id.   gracilis (*Grun.*).
Id.   Ehrenbergii (*Ktz.*).
Id.   remulus (*Grun.*).
Id.   anglica (*Ktz.*).
Id.   ovata (*Grun.*).
Id.   Id.   var. Barbadensis (*Grun.*).
Climacosphenia moniligera (*Rab.*).
Id.   elongata (*Bail*).
Id.   mirifica (*Grun.*).
Denticula subtilis (*Grun.*).
Grammatophora marina (*Grun.*).
Id.   macilenta (*Grun.*).
Id.   Id.   var subtilis (*Grun.*).
Id.   serpentina (*Ehr.*).
Id.   perpusilla (*Grun.*).
Id.   Ovaluensis forma longior (*Grun.*)
Id.   epsilon (*Grun.*).
Id.   longissima (*Petit.*).
Rhabdonema adriaticum (*Ktz.*).
Id.   minutum (*Ktz.*).
Id.   arcuatum (*Ktz.*).
Climacosira mirifica (*Grun.*).
Striatella unipunctata (*Ag.*).
Id.   delicatula (*Grun.*).
Podocystis adriatica (*Ktz.*).
Id.   americana (*Bail*).

Podocystis spathulatum, Pl. VI, fig. 1. Longueur 16 c. d. m. ; largeur 9 c. d. m.
Podocystis africanum, nov. sp. Pl. VI, fig. 2.
J'ai mis en regard les deux espèces pour bien faire juger la différence qui ne tient peut-être qu'à une variété. Cependant le Podocystis africanum est abondant, il mesure :
Longueur 29 c. d. m. ; Largeur 11 c. d. m.

Surirella fastuosa et var. (*Ehr.*).
Id.   eximia (*A. S.*).

Surirella gemma (*Ehr.*).

Plagiodiscus nervatus, Pl. VI, fig. 3.
Cette Diatomée doit être rare. Grunow seul, dans son analyse des Diatomées du Honduras l'a figurée et décrite ; il en mentionne même deux, je n'ai pas vu le Plagiodiscus martensianus, M. Van Heurck, dans son *Traité*, ne lui consacre que deux lignes pour dire que c'est une anomalie de S. Gemma.

Voici la description de Grunow : « Le genre Plagiodiscus est nouveau, apparenté aux Surirellées, frustules cunéiformes, valves réniformes, côtes radiantes.

Le P. nervatus présente une ligne médiane recourbée, sans aréa.

La structure des valves ressemble à celle du S. Gemma. Au milieu de la ligne marginale concave on voit un petit nodule ».

Kitton ajoute qu'il considère volontiers cette espèce comme n'étant qu'une forme anomale de S. Gemma.

Je me range absolument à l'avis de Grunow pour en faire une espèce nouvelle et j'ajouterai seulement à sa description : que chaque côte atteignant ou non la ligne courbe médiane, procède d'un tubercule placé sur le bord marginal.

A l'encontre du S. Gemma qui mesure de 8 à 12 c. d. m., le Plagiodiscus nervatus se présente toujours semblable à lui-même, ne mesurant jamais plus de 3 c. d. m. de longueur, il est très petit. Je ne l'ai trouvé qu'à San Thomé, je l'ai comparé à ceux qui sont contenus dans la préparation de MM. Cleve et Moller, N° 182, Tahiti. Ils ont absolument la même forme, la même structure, la même taille.

Campylodiscus parvulus (*Sm.*).
Id. crebrestriatus (*Grev.*).
Id. nodulifer (*A. S.*).
Id. Ralfsii (*S.n.*).
Id. Thuretii (*Breb.*).
Hantzschia amphioxys (*Grun.*).
Id. elongata (*Grun.*).
Nitzschia paradoxa (*Grun.*).
Id. macilenta (*Sm.*).
Id. panduriformis (*Greg.*).
Id. constricta (*Grun.*).
Id. Heufleriana.
Id. Petitiana (*Grun.*).
Id. dissipata (*Grun.*).
Id. sigma forma elongata (*Grun.*).
Id. Vidovichii (*Grun.*).
Id. vivax (*Sm.*).

Nitzschia longissima (*Breb.*).
Id. marginulata (*Grun.*).
Id. navicularis (*Grun.*).
Id. tryblionella (*Hant.*).
Id. fasciculata (*Grun.*).
Rhizosolenia hebetata (*Bail*).
Id. Shrubsolii (*Cl.*).
Id. setigera (*Brig.*).
Id. styliformis (*Brig.*).
Lauderia annulata (*Cl.*).
Chœtoceros distans (*Cl.*).
Id. gastridium (*Ehr.*).
Bacteriastrum varians (*Lauder*).
Ditylum intricatum (*Grun.*).
Stephanopyxis appendiculata var. intermedia (*Grun.*).
Id. Barbadensis (*Grev.*).

Stephanopyxis Grunowii, Pl. VI, fig. 7.

Ce beau disque, non rare, bien vivant, a des lignes nettes, arrêtées, tous les détails bien limités, c'est un des joyaux de San Thomé. On le trouve également à Dakar mais d'un plus petit diamètre.

La valve très bombée, ainsi que l'affirme la vue connective, couverte de grosses cellules rondes inscrites dans des polygones hexagonaux qui portent de petits tubercules à l'intersection de leurs lignes. Quelle différence d'aspect avec les fossiles qui sont représentés dans l'*Atlas* de Ad. Schmidt !

Stephanopyxis Thomei, nov. sp. Pl. VI, fig. 5.

Ce joli disque, rare, présente un aspect assez singulier. La valve porte de grosses cellules inégales de l'interstice desquelles naissent tantôt des épines, tantôt de longues protubérances terminées en champignon et ne dépassant pas la circonférence externe.

Melosira expectata (*A. S.*).
   Id. granulata (*Ralfs*).
   Id. sculpta (*Ehr.*).

Melosira undulata (*Ktz.*).
   Id.   Id. var. producta (*A. S.*).

Melosira africana, nov. sp. Pl. VI, fig. 6.

Ce sont de petits frustules cylindriques, épineux, enveloppés d'une bande connective rubannée, lisse. La valve est circulaire, bombée, couverte d'épines.

Cyclotella striata (*Ktz.*).
   Id. stylorum (*Bri.*).
Podosira maculata et var. (*Sm.*).

Podosira terebro (*Leud.*).
Isthmia enervis (*Ehr.*).

Isthmia Lindigiana, Pl. VI, fig. 7.

Cette espèce, très voisine de l'Isthmia enervis, a été bien décrite par Grunow. Elle est assez polymorphe. J'en donne deux figures pour bien faire voir les nodules et les cellules cunéiformes qui caractérisent cette espèce. On les observe facilement par un simple changement de mise au point. On rencontre une autre variété bien représentée par Ad. Schm. 145/8.

Hyalodiscus stelliger (*Bail.*).
Hemiaulus affinis (*A. S.*).

Hemiaulus februatus (*Heib.*).
   Id. bipons (*Grun.*).

Hemiaulus claviger, Pl. VI, fig. 8.

Cet Hemiaulus est bien dessiné par A. S. 143/6. J'en ai reproduit un spécimen trouvé seul avec un connectif dans une préparation. Sont-ce là les deux faces ? C'est un problème difficile à résoudre. J'y ajoute Pl. VI, fig. 9-16 des connectifs et des valves d'Hemiaulus particuliers à San Thome. On peut les rapprocher comme variétés soit des H. polymorphus ou H. polycistinorum de l'*Atlas* de A. Schmidt. Avec ceux de Dakar et de l'île Ascension, ils forment la collection que j'ai dénommée : Hemiaulus africains.

Lithodesmium africanum, nov. sp. Pl. VI, fig. 17.

C'est un genre assez mal défini et souvent confondu avec le Triceratium. Nous avons ici une petite valve triangulaire inscrite dans un cercle et dont les angles seuls sont saillants. La surface est couverte de fines cellules polygonales et les côtés sont épineux.

Biddulphia aurita (*Breb.*).
   Id. sansibarica (*A. S.*).
   Id. rhombus (*Sm.*).

Biddulphia pulchella (*Gray.*).
   Id. obtusa (*Ralfs*).

Biddulphia membranacea. Pl. VII, fig. 1. Biddulphia titiana. Pl. VII, fig. 2.

C'est M. Péragallo qui a déterminé cette espèce dans une de mes préparations. Elle est accompagnée, plus rare, du Biddulphia titiana, laquelle est plus étroite et épineuse à ses extrémités. M. Cleve, seul je crois, a décrit en maître cette rare espèce dans : *Diatomées de l'Archipel des Indes Occidentales.* Les stries perlées, rayonnantes, sont très fines, rejoignant au milieu une espèce d'aréa oblongue où elles se confondent au milieu de perles encore plus fines. J'ai aussi trouvé la face connective, Pl. VII, fig. 4 ; dans un des angles j'ai marqué la place qu'occupent les épines de Biddulphia titiana. La valve représentée par M. Van Heurck dans son *Atlas*, Pl. 93 *bis* ne ressemble pas à celle de San Thomé, tandis que la préparation N° 176 Cleve et Moller donne du Biddulphia titiana une idée fort exacte.

Au cours de mes recherches j'ai découvert une autre espèce ou variété très particulière, le Biddulphia Peragalloi, Pl. VII, fig. 3. C'est une valve ovale aplatie à ses deux pôles. Les stries, de même nature que celles de Biddulphia membranacea, en diffèrent cependant en ce qu'elles sont plus accentuées sur le bord marginal où elles sont très visibles et se dirigent vers le centre pour se perdre dans une aréa non limitée.

(Je prie M. Peragallo, correspondant si courtois et si obligeant, d'accepter l'hommage de cette très rare Diatomée).

Dernièrement j'ai trouvé dans la Méditerranée les Biddulphia membranacea et Peragalloi réunies sur un câble télégraphique immergé entre Sfax et Sousse.

(Les figures de ces trois Biddulphia ne sont pas représentées d'une manière correcte dans la Pl. VII, les stries doivent être remplacées par une fine ponctuation perlée).

Triceratium Weissii (*A. S.*).
    Id.   pentacrinus (*Wall.*).
    Id.   alternans (*Bail.*).

Triceratium quinquecostatum (*A. S.*).
    Id.   bullosum (*Witt., A. S.*), .8/35.

Triceratium Kinkeri, Pl. VII, fig. 5.

C'est à l'espèce de ce genre figurée dans l'*Atlas* de Schmidt que je puis la rattacher sans affirmer l'identité.

Valve triangulaire aux bords très concaves bordés de cellules ; la surface est parsemée d'épines qui ont un aspect bizarre. Les tubercules des extrémités sont saillants.

Triceratium coronatum, nov. sp. Pl. VII, fig. 6.

Cette petite valve quadrangulaire est couverte de perles, au centre un petit espace lisse circulaire. Sur la surface de la valve une couronne formée par de fortes stries.

Amphitetras punctata (*Grev.*).

Amphitetras antediluviana (*Ehr.*).

Cerataulus lœvis ? var. Thomei, Pl. VII, fig. 7.

Dans son *Atlas*, A. Schmidt 116/17 indique avec un point dubitatif un Cerataulus qui correspond en certains points avec celui que j'ai dessiné.

Eupodiscus subtilis (*Greg.*).
    Id.   fulvus (*Sm.*).
Cestodiscus coronatus (*Grev.*).

Actinoptychus undulatus (*Ehr.*).
    Id.   undenarius (*Ehr.*).

Actinoptychus amœnus, nov. sp. Pl. VII, fig. 8.

Valve circulaire divisée en douze compartiments tronconiques dont six sont alternativement plus foncés que les intermédiaires, tous d'apparence moirée. Au centre, large aréa circulaire bien limitée dans laquelle on voit la projection des extrémités de six cônes.

Asteromphalus flabellatus (*Grev.*).	Asteromphalus vulgaris (*Grun.*).
Id. Cleveanus (*Grun.*).	

Asterolampra Thomei, nov. sp. Pl. VII, fig. 9.

Belle valve circulaire, presque complète dans la figure qui laisse voir sur deux points le bord marginal. Au centre six doubles triangles autour d'un plus petit triangle central ; le tout enveloppé de douze tubercules d'où partent autant de rayons doubles qui s'épanouissent dans une masse perlée contiguë au bord marginal. De cette masse émergent vers le centre, entre chaque paire de rayons, deux culs-de-sac lisses, limités par une rangée de perles. On trouve des fragments à Dakar.

Coscinodiscus marginatus (*Ehr.*).	Coscinodiscus concavus (*Ehr.*).
Id. perforatus (*Ehr.*).	Id. robustus (*Grev.*).
Id. radiatus (*Ehr.*).	Id. micans (*A. S.*).
Id ? (*A. S.*), 57/39.	Id. tubulatus (*A. S.*).
Id. punctulatus (*Greg.*).	Id. decipiens (*A. S.*).
Id. symmetricus (*Grev.*).	Id. rex (*A. S.*).

Brightwellia pulchra, var. Pl. VII, fig. 10.

Je donne ici la figure presque complète d'un Brightwellia qui n'est peut-être qu'une variété de B. pulchra. Je constate cependant que le centre du disque n'est pas le même et que les hexagones de la couronne sont en beaucoup plus grand nombre.

Actinocyclus Ralfsii (*Prit.*).	Actinocyclus crassus (*Ehr.*).
Id. bioctonarius (*Ehr.*).	Id. Ehrenbergii (*Sch.*).

Actinocyclus Thomei, nov. sp. Pl. VII, fig. 11.

Valve discoïde, tubercule près du bord externe. Petite aréa centrale, circulaire, d'où partent des stries rayonnantes qui vont se perdre dans une couronne très accusée, irrégulière, envoyant des prolongements vers le centre. Entre elle et le bord marginal existe une zone couverte de stries pâles et fines.

Euodia gibba (*Bail.*).	Euodia radiata (*Cl.*).

Leudugeria Janischii, Pl. VI, fig. 18.

Ce genre a été créé par M. Tempère, il est encore assez mal connu. Je l'avais signalé et dessiné dans les Diatomées de Ceylan. M. Grunow, je ne sais pourquoi, l'a déterminé un Euodia, qu'il a dédié à M. Janish. On pourrait peut-être y faire entrer la figure 28 de la planche VIII, celle que A. Schmidt a consignée dans son *Atlas* 144/51, sans dénomination.

J'ai reproduit pl. VII, fig. 12, une singulière valve circulaire que je ne sais à quelle espèce rattacher. Les macules ressemblent aux taches faites par des bulles d'air interposées. Je me suis assuré qu'il n'en était rien et j'ai trouvé à Dakar des fragments avec les mêmes macules.

ILE DE L'ASCENSION

Lavage d'une éponge. Avant d'être conservée dans de l'acide chlorhydrique dilué, elle avait certainement servi à la toilette de la machine, car elle était toute imprégnée de charbon. Je n'ai jamais pu m'en débarrasser complètement, ce qui a nui à la netteté des préparations.

Amphora robusta (*Greg.*).
Id.   lœvissima (*Greg.*).
Id.   ? (*A. S.*), 26/93.
Id.   Javanica (*A. S.*).
Id.   cymbifera (*Greg.*).
Id.   lœvis (*Greg.*).
Id.   obtusa (*Greg.*).
Id.   crassa (*Greg.*).
Id.   Id.   var. punctata.
Id.   sarniensis (*Grev.*).
Id.   ? (*A. S.*), 28/28.
Id.   bigibba (*Grun.*).

Amphora coffeoformis (*Ktz.*).
Id.   bigibba var. (*A. S.*), 25/70.
Id.   Gründleri (*Grun.*).
Id.   globulosa (*A. S.*).
Id.   ? (*A. S.*), 28/17.
Id.   lineata (*Greg.*).
Id.   ? (*A. S.*), 25/5.
Id.   contracta (*Grun.*).
Id.   intersecta (*A. S.*).
Id.   (*A. S.*), 39/21.
Id.   binodis (*A. S.*).
Id.   Id.   var. interrupta.

Amplora simplex, nov. sp. Pl. VII, fig. 13.
Valve semi-ovoïde, extrémités peu saillantes arrondies. Bord dorsal convexe, bord ventral droit avec un nodule médian qui se dilate légèrement dans une bande étroite à stries espacées. Le long du bord dorsal une bande plus large avec stries analogues. Au milieu de la valve, un espace lisse, oblong.

Amphora Ascensionis, nov. sp. Pl. VII, fig. 14.
Petite valve, bord dorsal convexe, bord ventral droit. Une double ligne courbe avec deux nodules terminaux, celui du centre est mal défini. Entre cette courbe et le bord dorsal, une ligne droite délimite un champ de fines stries. Le reste de la valve est lisse.

Amphora contorta, nov. sp. Pl. VII, fig. 14.
Valve semi-ovoïde aux extrémités arrondies. Bord dorsal convexe, bord ventral contourné. Une ligne légèrement courbe partage la valve en deux parties presque égales. Le bord dorsal supporte des stries droites tandis que l'autre moitié est lisse.

Amphora flammiger, nov. sp. Pl. VII, fig. 16.

Valve semi-ovoïde un peu aplatie sur le côté dorsal, bord ventral légèrement courbe ; en dedans une ligne droite joignant deux petits nodules, au centre une petite aigrette. Sauf le bord dorsal qui porte une bande de stries, le reste de la valve est lisse.

Amphora atlantica, nov. sp. Pl. VII, fig. 17.

Le frustule doit être cylindrique, valve aplatie sur le bord dorsal, couverte de stries droites et courbes dans toute son étendue sauf sur le bord ventral où une ligne droite limite une étroite bande lisse. Au centre un nodule en cône tronqué.

Amphora semi-ovum, nov. sp. Pl. VII, fig. 18.

Bord dorsal convexe, bord ventral droit. Une ligne très courbe avec nodule central divise la valve en deux parties ; du côté dorsal de fortes stries, au-dessous du côté ventral des stries très fines, courbes, n'atteignant le bord ventral que par ses extrémités.

Amphora blanda, nov. sp. Pl. VII, fig. 19.

Toute la valve est nue. Bord ventral droit, bord dorsal convexe creusé dans le milieu. Une ligne courbe part des extrémités pour rejoindre un nodule central. Deux autres petites lignes concaves entre le nodule et le bord dorsal.

Mastogloia erythrea (*Grun.*).
Id. lanceolata (*Sm.*).
Id. entoleion (*Cl.*).
Id. ornatum (*A. S.*).
Id. affirmata (*Leud.*).
Id. interrupta (*Htz.*).
Id. lemniscata (*Leud.*).
Id. apiculata (*Sm.*).
Amphiprora constricta (*Greg.*).
Pleurosigma formosum (*Sm.*).
Id. strigilis (*Sm.*).
Id. decorum (*Sm.*).
Id. balticum (*Ehr.*).
Id. rigidum (*Sm.*).
Stauroneis pulchella (*Ehr.*).
Id. salina (*Sm.*).
Navicula Zostereti (*Grun.*).
Id. ? (*A. S.*), 70/39-40.
Id. nitescens (*Ralfs.*).
Id. nicobarica (*Grun.*).
Id. perpusilla (*Grun.*).
Id. elliptica.
Id. scutellum (*O'Meara*).
Id. proxima (*A. S.*).
Id. delata (*A. S.*).
Id. crabro (*Ehr.*).
Id. aspera (*Ehr.*).
Id. Smithii (*Breb.*).

Navicula littoralis (*Donk.*).
Id. apis (*Ktz.*).
Id. prisca (*A. S.*).
Id. separabilis (*A. S.*).
Id. fusca (*Ralfs.*).
Id. didyma (*Ehr.*).
Id. bombus (*Ktz.*).
Id. interrupta (*Bail*).
Id. lepida (*Greg.*).
Id. coarctata (*Ehr.*).
Id. pygmœa (*Ktz.*).
Id. forcipata var. suborbicularis (*A. S.*).
Id. scutelloïdes (*A. S.*).
Id. Schmidtiana (*A. S.*).
Id. aspera var. intermedia (*Ehr.*).
Id. residua (*A. S.*).
Id. nummularia (*A. S.*).
Id. forcipata var. densestriata (*A. S.*).
Id. lyra (*Ehr.*).
Id. clavata (*Greg.*).
Id. borealis (*Ktz.*).
Id. scoliopleura (*A. S.*).
Id. elongata (*Grun.*).
Id. ? (*A. S.*), 50/39.
Id. ? (*A. S.*), 46/66.
Id. lineata (*Donk.*).
Id. œstiva (*Donk.*).
Id. ? (*A. S.*), 27/59.

Navicula ? (*A. S.*), 28/28.
Id.   suborbicularis (*Greg.*).
Id.   elliptica var. (*A. S.*), 7/28.
Id.   notabilis (*Grev.*).
Id.   brasiliensis (*Grun.*).
Id.   polysticta (*A. S.*).
Id.   crucifera (*Grun.*).
Id.   formosa (*Greg.*).
Id.   Yarrensis (.*A. S.*).
Id.   exemta (*A. S.*).
Id.   velata (*A. S.*).
Id.   chersonensis. (*A. S.*).
Achnanthes subsessilis (*Ehr.*).
Id.   brevipes (*Ehr.*).
Id.   longipes (*Ehr.*).
Id.   coarctata (*Grun.*).
Id.   parvula (*Ktz.*).
Orthoneis fimbriata (*Grun.*).
Id.   ovata (*Grun.*).
Id.   binotata (*Grun.*).
Cocconeis pinnata (*Greg.*).
Id   dirupta (*Greg.*).
Id.   gibbocalyx (*Brun.*).
Id.   scutellum (*Ehr.*).
Id.   nitidus (*Greg.*).
Id.   pseudo-marginata (*Greg.*).
Id.   splendida (*Greg.*).

Cocconeis distans (*Greg.*).
Synedra lœvigata (*Grun.*).
Id.   fulgens (*Sm.*).
Id.   undulata (*Greg.*).
Id.   Hennedyiana (*Greg.*).
Id.   delicatissima var. mesoleia.
Id.   decipiens (*Grun.*).
Id.   capensis (*Grun.*).
Id.   Gaillonii (*Ehr.*).
Id.   parva (*Ktz.*).
Id.   barbatula (*Grun.*).
Id.   fulgens var. dalmatica (*Grun.*).
Cymatosira belgica (*Grun.*).
Id.   mirifica (*Grun.*).
Fragilaria pacifica (*Grun.*).
Id.   dubia (*Grun.*).
Id.   Scharzii (*Grun.*).
Id.   capensis (*Grun.*).
Raphoneis surirella (*Ehr.*).
Id.   scalaris (*Ehr.*).
Id.   capensis (*Grun.*).
Id.   amphiceros (*Ehr.*).
Id.   Id.   var. trigona.
Id.   Id.   var. tetragona.
Sceptroneis marina (*Grun.*).
Id.   gemmata (*Grun.*).
Glyphodesmis eximia (*Cast.*).

Glyphodesmis margaritacea, Pl. VIII, fig. 1.

Dans les Diatomées du Challenger et dans l'*Atlas* de A. Schmidt 209/53 on trouve une valve qui a beaucoup de rapports avec celle-ci. Mais aussi, dans cet *Atlas*, MM. Grove et Brun pensent que c'est un Plagiogramma.

Dimeregramma Williamsonii (*Grun.*).
Id.   nanum (*Greg.*).
Id.   minus (*Greg.*).
Id.   fulvum (*Greg.*).
Id.   marinum (*Ralfs.*).
Plagiogramma Gregorianum (*Grev.*).
Id.   Wallichianum (*Grev.*).
Id   pulchellum (*Grev.*).

Plagiogramma ornatum (*Grev.*).
Id.   robustum var. (*A. S.*).
Id.   decussatum (*Grev.*).
Id.   tenuistriatum (*A. S.*).
Id.   polygibbum (*Cl.*).
Id.   caribœum (*Cl.*).
Id.   inœquale (*Grev.*).

Plagiogramma validum (*Grev.*) var. Pl. VIII, fig. 2.

Si l'on consulte l'*Atlas* de A. Schmidt on trouve 209/58 une figure très analogue à celle que j'ai dessinée, seulement ici la ligne médiane est fortement accusée.

Plagiogramma africanum, nov. sp. Pl. VIII, fig. 3.

Cette face connective de Plagiogramma est droite sur l'un de ses bords, convexe sur l'autre qui est très épineux. Un nodule à chaque extrémité de la ligne droite. Au-dessous des épines de la convexité, un cordon de cellules rondes. Au milieu de la ligne convexe deux larges cellules avec épines.

Plagiogramma Ascensionis, nov. sp. Pl. VIII, fig. 5.

Valve rectiligne, légèrement renflée en son milieu, extrémités arrondies. Aréa médiane rectangulaire. Cette valve est parcourue par de fortes stries distantes avec un abondant et irrégulier piqueté d'épines.

Plagiogramma bilobatum, nov. sp. Pl. VIII, fig. 4.

Valve panduriforme aux extrémités atténuées et arrondies, étranglée en son milieu. Le nodule médian est rectangulaire, ceux des extrémités ovalaires. Les stries espacées sont curvilignes divisées par un pseudo-raphé médian. Près des bords, sur chaque strie, une épine saillante. Tous les détails concourent pour donner à chaque moitié de la valve la forme d'un cœur.

Plagiogramma panduriforme, nov. sp. Pl. VIII, fig. 6.

Valve ovoïde panduriforme aux extrémités saillantes et arrondies, étranglée en son milieu. Aréa centrale ovoïde. Cette valve est couverte de stries droites très visibles interrompues au milieu, ce qui donne l'aspect d'un pseudo-raphé lisse. De chaque côté et près du bord valvaire, une série de points à distances égales qui reproduit les courbures de la valve.

Le P. Kinkeri A. S. 210/32 doit peut-être, avec la précédente, former deux variétés d'une même espèce.

Licmophora remulus (*Grun.*).
Id.   ovata var. Barbadensis (*Grun.*).
Id.   anglica (*Grun.*).
Id.   grandis (*Grun.*).
Climacosphenia moniligera (*Rab.*).
Denticula Dusenii (*Cl.*).
Id.   distans (*Greg.*).
Id.   marina (*Greg.*).
Grammatophora nodulosa.
Id.   serpentina (*Ehr.*).
Id.   macilenta (*Sm.*).
Id.   Id.   var. subtilis (*Grun.*).
Id.   marina (*Grun.*).
Id.   undulata (*Ehr.*).
Id.   adriatica (*Grun.*).
Id.   caribœa (*Grun.*).

Grammatophora subundulata (*Grun.*).
Id.   ovaluensis (*Grun.*).
Id.   angulosa var. hamulifera (*Grun.*)
Rhabdonema minutum (*Ktz.*).
Id.   adriaticum (*Ktz.*).
Id.   arcuatum (*Ktz.*).
Striatella interrupta (*Ehr.*).
Podocystis spathulatum (*Schad.*).
Id.   adriaticum (*Ktz.*).
Id.   americana (*Bail*).
Bien dessiné par Bailey in Smithsonia, fig. 38.

Surirella gemma (*Ehr.*).
Id.   manca (*A. S.*).
Id.   fastuosa var. opulenta (*Ehr.*).
Id.   patens (*A. S.*).

Surirella fastuosa ? var. nov. sp. Pl. VIII, fig. 7.

Valve ovoïde sans étranglement. Les arcades ne touchent pas le bord marginal, elles se terminent par deux côtes sur les bords de l'aréa qui est large, fusiforme portant à sa surface des lignes irrégulières. C'est peut-être une des multiples variétés de S. fastuosa.

Campylodiscus Thuretii. | Campylodiscus parvulus.

Campylodiscus Ascensionis, nov. sp. Pl. VIII, fig. 8.

Disque suborbiculaire, une extrémité effilée en pointe. Il est bordé par une succession de larges cellules limitant un vaste espace de la valve parcourue de tries droites, espacées, divisées en leur milieu par une étroite bande lisse.

Nitzschia marina (*Grun.*).
Id. brevissima (*Grun.*).
Id. sigma (*Sm.*).
Id. coarctata (*Grun.*).
Id. subtilis (*Grun.*).
Id. constricta var. parva.
Id. tryblionella (*Grun.*).
Id. panduriformis (*Greg.*).
Id. marginulata var. didyma (*Grun.*).
Id. fasciculata (*Grun.*).
Id. acicularis var. closterioïdes (*Grun.*).
Rhizosolenia setigera (*Brig.*).
Id. styliformis (*Brig.*).
Dactyliosolen mediterraneus (*Per.*).
Chœtoceros paradoxum (*Cl.*).

Chœtoceros robustum (*Cl.*).
Ditylium intricatum (*Bail*).
Id. Brightwellii (*Bail*).
Id. Ehrenbergii (*Grun.*).
Pyxilla aculeifera (*Grun.*).
Stephanopyxis Barbadensis (*Grev.*).
Id. rapax (*Cast.*).
Melosira nummuloïdes (*Ag.*).
Id. granulata (*Ralfs*).
Id. angulata (*A. S.*).
Cyclotella stylorum (*Brig.*).
Id. striata (*Grun.*).
Podosira maculata (*Sm.*).
Id. terebro (*Leud.*).
Isthmia enervis (*Ehr.*).

Les Hemiaulus ne sont pas très rares à l'île de l'Ascension, plusieurs espèces de celles qui sont représentées à Dakar auraient pu être ici répétées. Dans la planche VIII, le N° 9 peut être rangé dans le groupe de H. polycistinorum ; les N°s 10-11 parmi H. polymorphus et le N° 12 est H. ambignus. Je ne saurais attribuer de détermination aux trois valves, 13, 14, 15.

Biddulphia pulchella (*Gray*).
Id. aurita (*Breb.*).
Id. rhombus (*Sm.*).

Biddulphia Baileyi (*Sm.*).
Id. longicruris (*Grev.*).

La valve dessinée Pl. VIII, fig. 16, n'appartient-elle pas à un Biddulphia jusqu'ici inconnu ?

Triceratium favus (*Ehr.*).
Id. megastomum (*Bri.*).
Id. pentacrinus (*Wall.*).
Id. punctatum var. hexagona.
Id. Id. var. quinquegona.
Id. rugosum (*A. S.*).
Id. sculptum (*Shad.*).

Triceratium sculptum var. (*A. S.*), 76/11.
Id. Id. var. (*A. S.*), 76/31.
Id. bullosum (*A. S.*).
Id. contortum (*Shad.*).
Id. parallelum (*Ehr.*).
Id. Id. var. trigona.

Triceratium Ascensionis, nov. sp. Pl. VIII, fig. 17.

Valve triangulaire à bords convexes enveloppée d'aile de deux côtés ; le côté non ailé est bordé de perles. Extrémités arrondies, ponctuées. La valve couverte de stries, très accusées sur les bords, porte en outre un semis de fortes épines.

Triceratium Debyi, nov. sp. Pl. VIII, fig. 18.

Valve triangulaire à bords convexes. Extrémités arrondies et striées. Toute la valve est couverte de perles ; au centre se détachent six folioles très nettement dessinées par des perles plus grosses et plus sombres. On peut, je crois, rattacher cette espèce au Triceratium sculptum.

Le Triceratium incomplet Pl. VIII, fig. 21, malgré quelques différences, n'est autre que le Triceratium parallelum.

Auliscus punctatus (*Bail*).

Auliscus nervatus, nov. sp. Pl. VIII, fig. 19.

Valve légèrement oblongue, deux ocelles. Pas de stries en tourbillons, nombreuses épines d'où se détachent, surtout autour de l'aréa médiane circulaire, de petites lignes fines à peu près droites.

Auliscus exceptus, nov. sp. Pl. VIII, fig. 20.

Petite valve circulaire avec deux ocelles. Aréa centrale peu définie. Il n'y a aucune apparence de stries mais un semis ponctué que j'ai exactement reproduit.

Asterolampra marylandica (*Ehr.*).
Actinoptychus undulatus et var. (*Ehr.*).
Coscinodiscus diplostictus.
    Id.   nitidus (*reg.*).
    Id.   centralis (*Ehr.*).
    Id.   punctulatus (*reg.*).
    Id.   asteromphalus var. conspicua.
    Id.   exentricus (*Ehr.*).
    Id.   decressens (*A. S.*).

Coscinodiscus oculus iridis (*Ehr.*).
    Id.   fragilissimus (*A. S.*).
    Id.   curvatulus forma minor.
Actinocyclus Ralfsii (*Prit.*).
    Id.   var. australiensis (*run.*).
    Id.   Clevei (*run.*).
Ethmodiscus punctiger (*Cast.*).
Euodia Ratabouli (*Brun.*).

En terminant cette étude je dois signaler dans cette Pl. VIII plusieurs formes douteuses ou qui me sont inconnues.

J'ai relevé Eunotogramma debilis, E. variabile, E. lœvis. Il est probable que la fig. 22 est une variété de E. lœvis.

D'après A. S. 116/14, les fig. 23, 24 pourraient être considérées comme : Huttonia. Cette idée serait fausse si on se reporte au *Traité* de M. Van Heurck.

Les fig. 25, 27 sont-elles des variétés de Pleurodesmium ?

La fig. 26 serait un Anaulus ?

Dans l'*Atlas* d'A. Schmidt 144/51 on trouve la figure 28 mais sans aucun nom. J'en ai rencontré des fragments à Dakar.

Enfin, je ne sais à quelle espèce rapporter la fig. 29.

Septembre 1898.

PLANCHE I.

1. Licmophora hamulifera.
2. Denticula Dusenii.
3. Denticula elegans ? var.
4. Chœtoceros spinosum.
5. Chœtoceros cornutum.
6. Corethron criophylum.
7. Corethron rectum.
8. Corethron aerostatum.
9. 10. Pteroteca aculeifera.
11. Stephanopyxis appendiculata var.
12. Stephanopyxis Kittoniana var.
13. Coscinodiscus incertus.
14. 15. 16. 18. 20. 21. 25. 26. Hemiaulus polymorphus ?
17. Hemiaulus proteus.
19. Hemiaulus tenuicornis.
22. 23. Hemiaulus moniliformis.
24. Hemiaulus polymorphus var. frigida.
27. Hemiaulus coronatus.

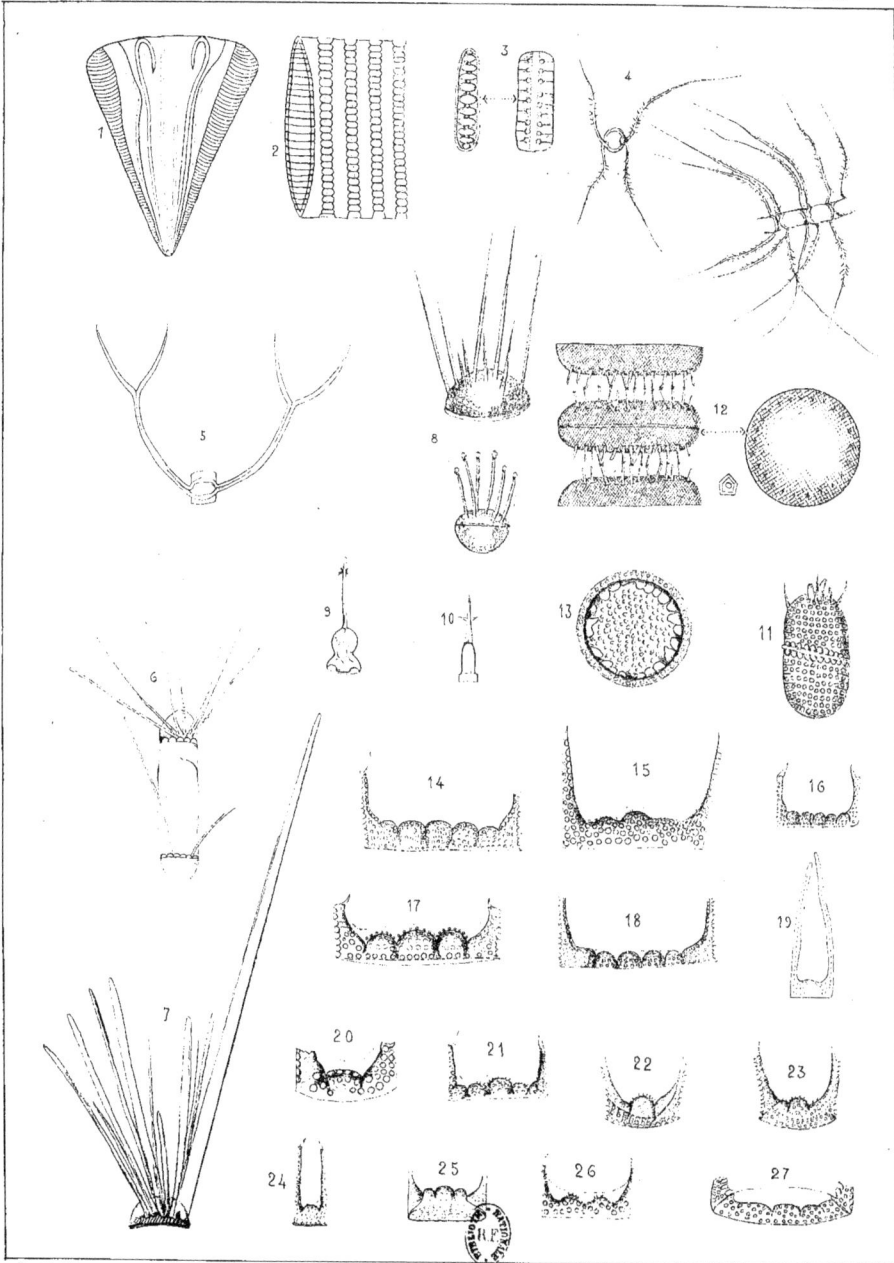

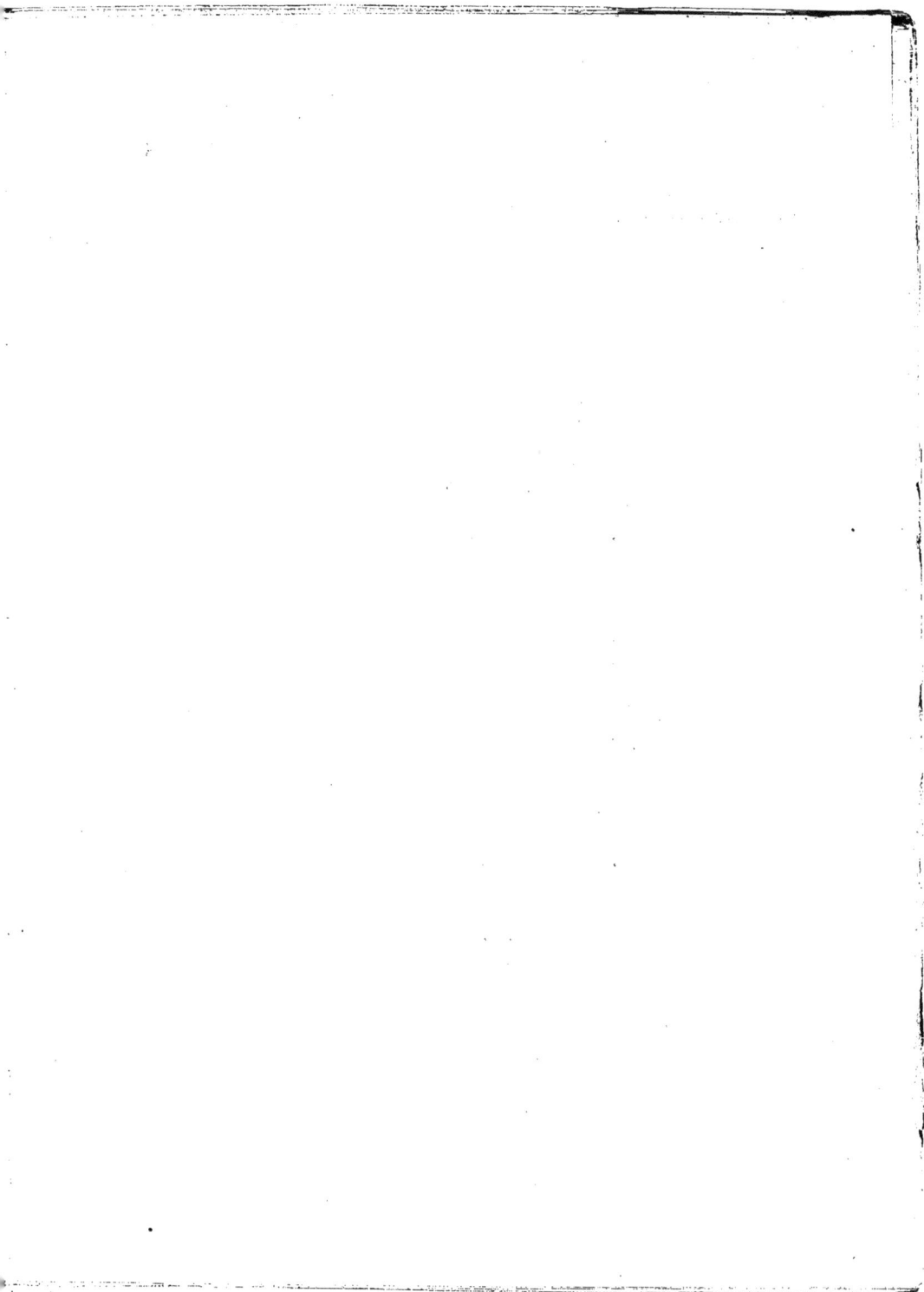

PLANCHE II

1. Hemiaulus alatus.

2. 3. 5. 6. 7. 8. 9. Hemiaulus polycistinorum ?

4. Hemiaulus mucronatus.

10. Hemiaulus spinosus.

11. Hemiaulus vulgaris.

12. 13. Hemiaulus Weissii.

14. Hemiaulus biddulphia.

15. Hemiaulus minimus.

16. Hemiaulus angularis.

17. Hemiaulus hostilis.

18. Hemiaulus florifer.

19. Hemiaulus armatus.

20. Hemiaulus velatus.

21. Hemiaulus rapax.

22. 23. Hemiaulus bombus.

24. Hemiaulus affinis.

25. Hemiaulus proteus.

26. Hemiaulus ambiguus.

27. Hemiaulus circularis.

28. Hemiaulus ?

29. 30. 31. 32. 33. 34. 35. 36. 37. 38. 39. 40. Valves d'Hemiaulus et de Corinna.

41. 42. 43. 44. 45. Sporanges d'Hemiaulus et de Corinna?

46. 47. 48. Molleria cornuta.

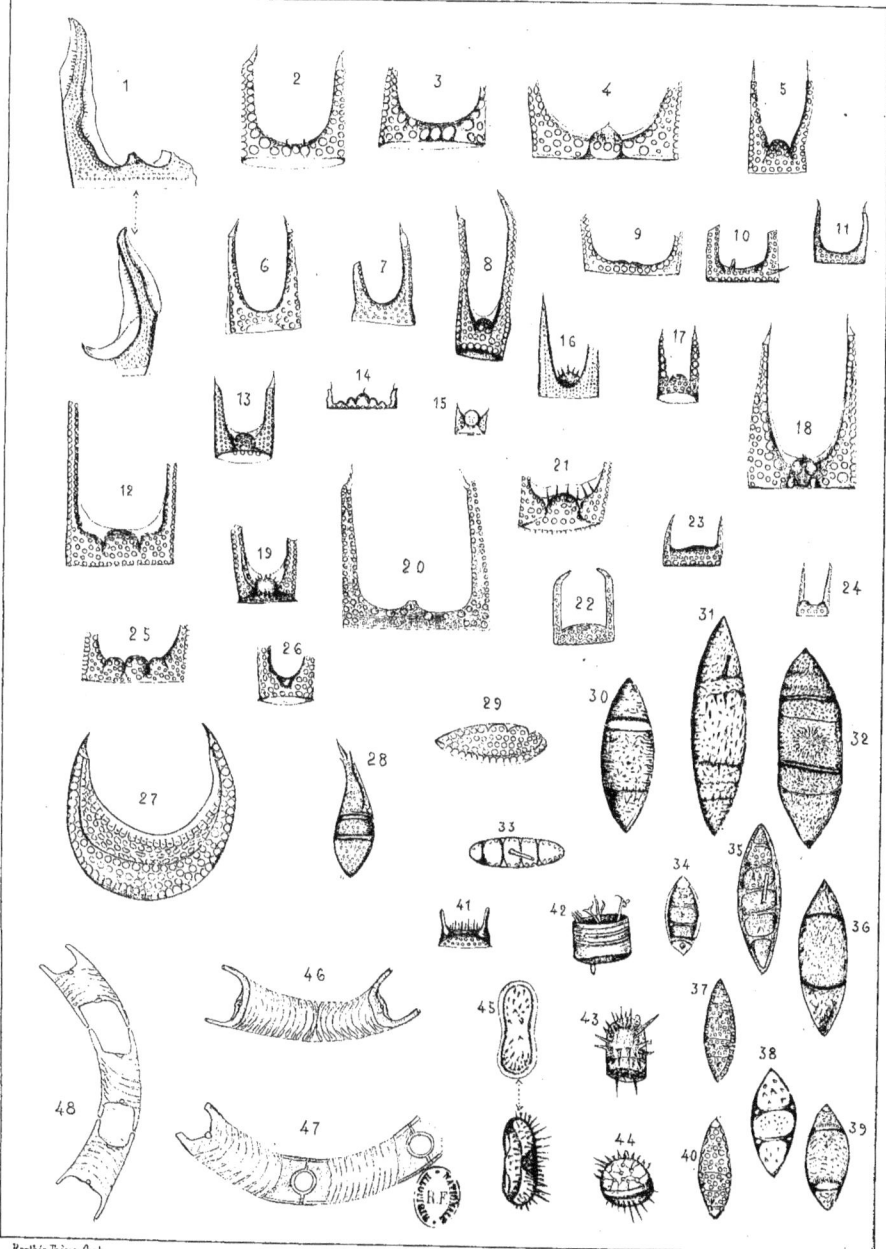

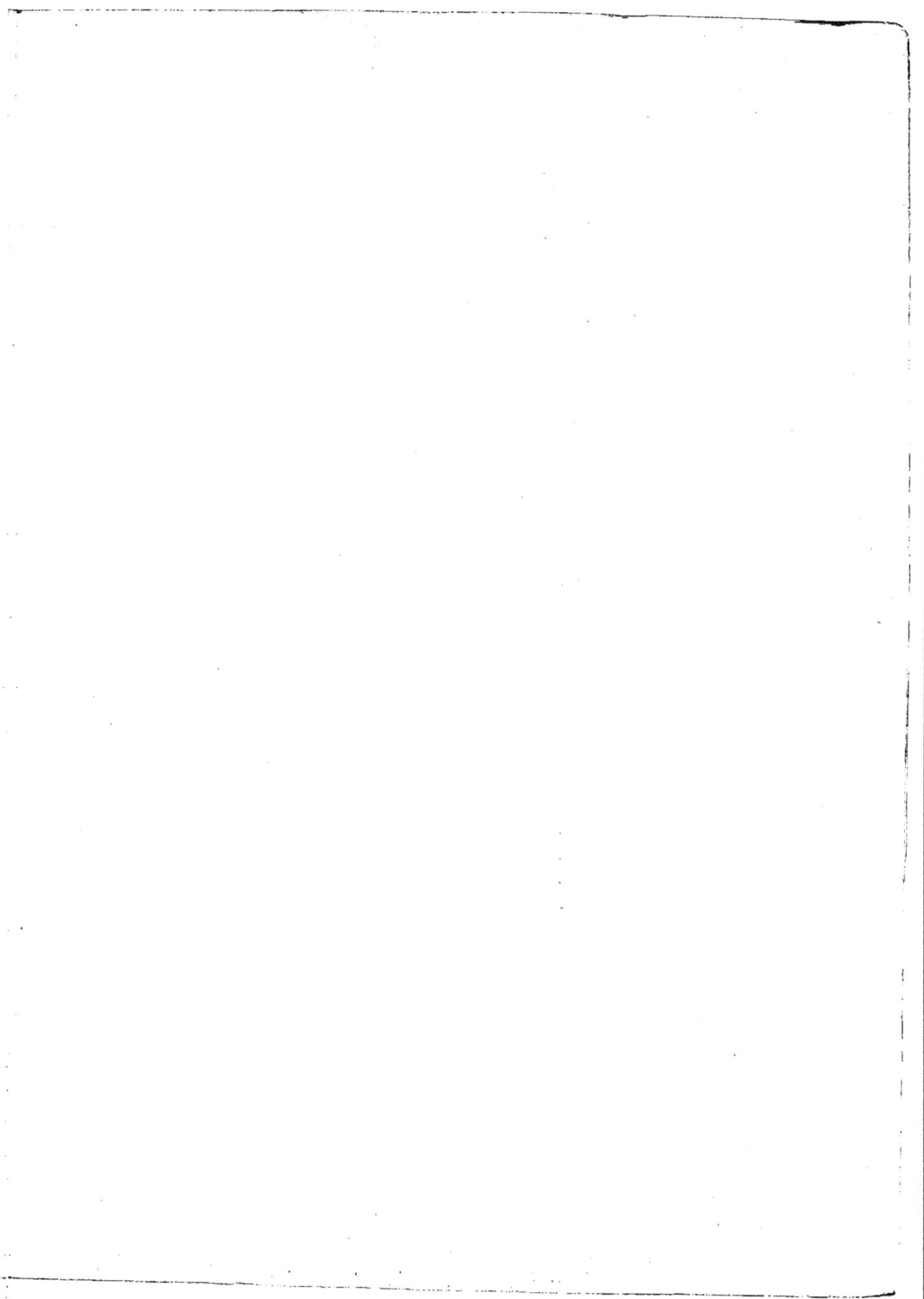

PLANCHE III

1. 2. Brightwellia ?
3. *a. b. c.* Coscinodiscus Sol.
4. Planktoniella Sol.
5. Nitzschia africana.
6. Pleurodesmium africanum.
7. Biddulphia africana.
8. Triceratium quinquefolium.
9. Actinoptychus reticulatus.
10. Actinoptychus rotifer.
11. Actinoptychus africanus.
12. Auliscus africanus.
13. Euodia Weissflogii.
14. 15. Actinodiscus ?
16. Liradiscus ?
17. Striatella Chevreuxi.

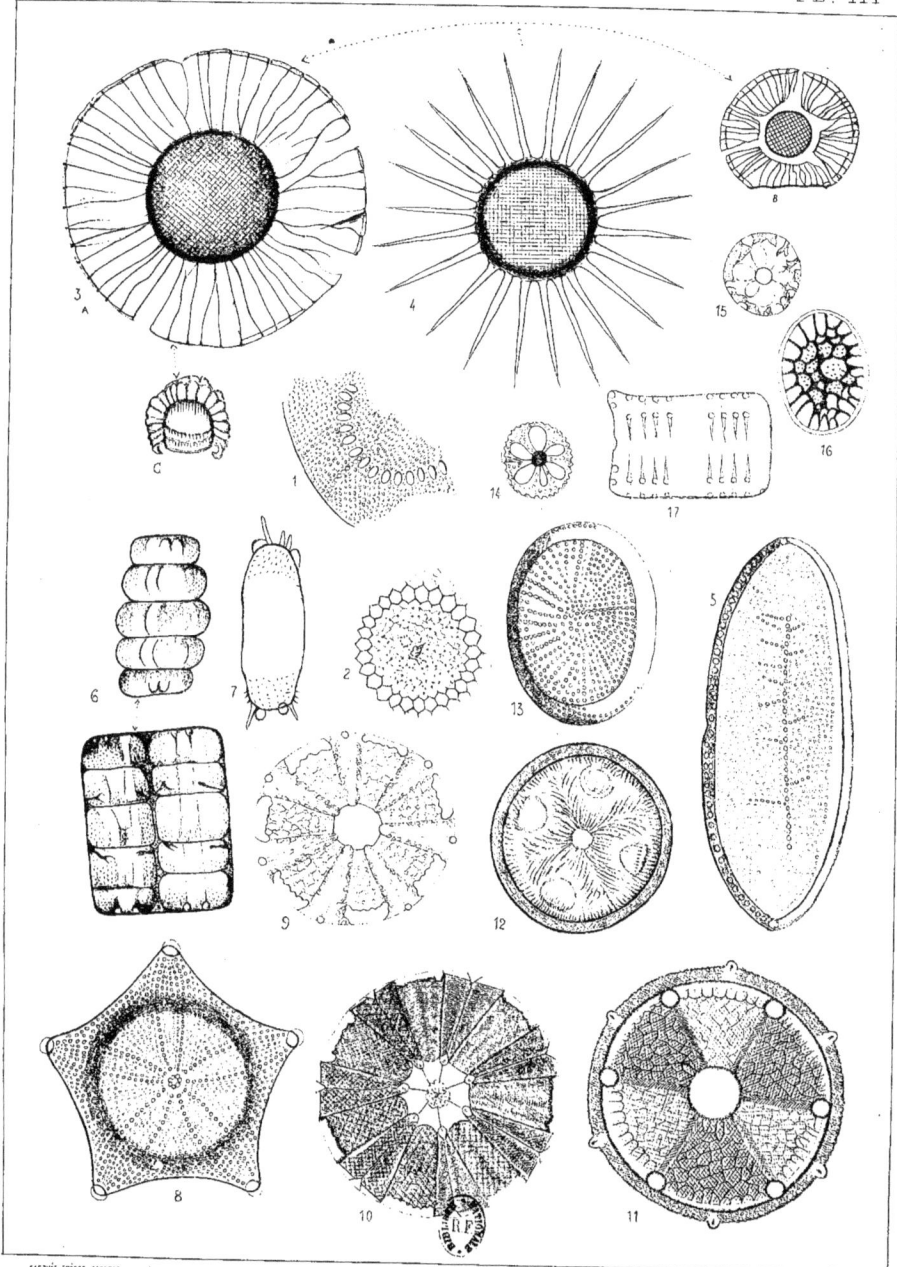

PLANCHE IV

1. Actinoptychus ? mirans.
2. Triceratium guinense.
3. Glyphodesmis africana.
4. Licmophora africana.
5. Grammatophora punctata.
6. Melosira major.
7. Melosira incerta.
8. Thalassiosira Congoi.
9. Podosira terebro.
10. Actinoptychus separatus.
11. Actinocyclus africanus.
12. 13 Coscinodiscus ? (partie centrale).

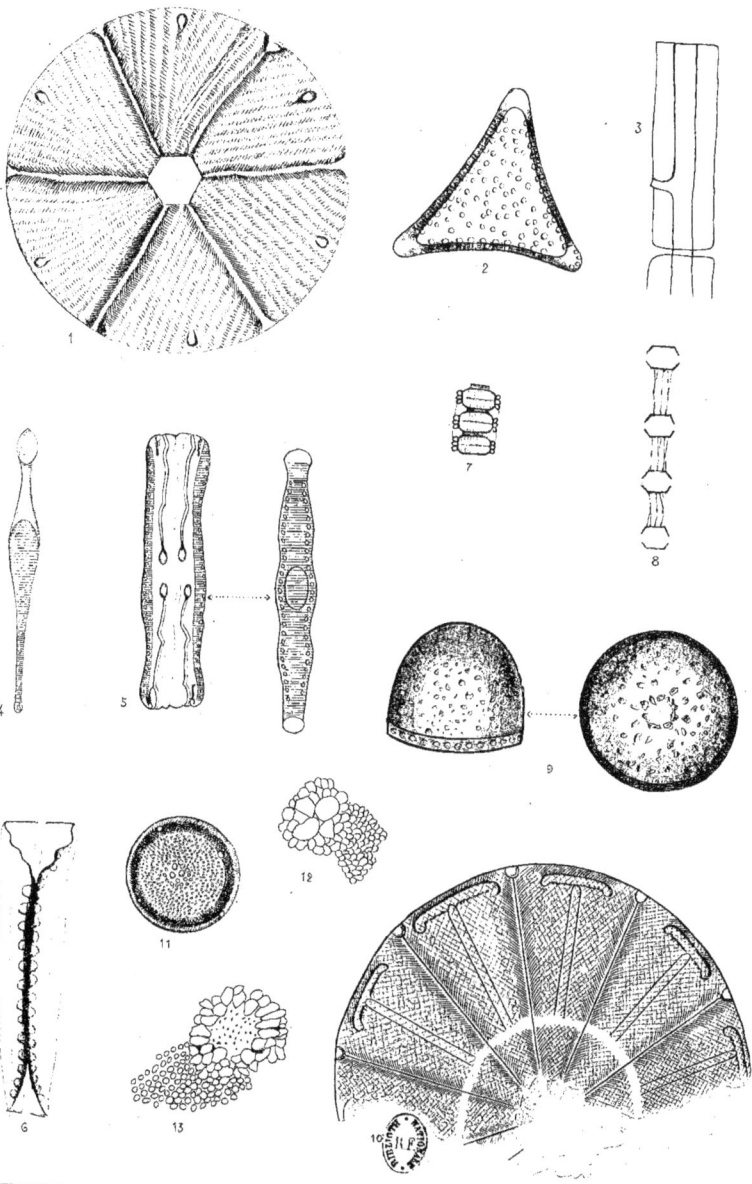

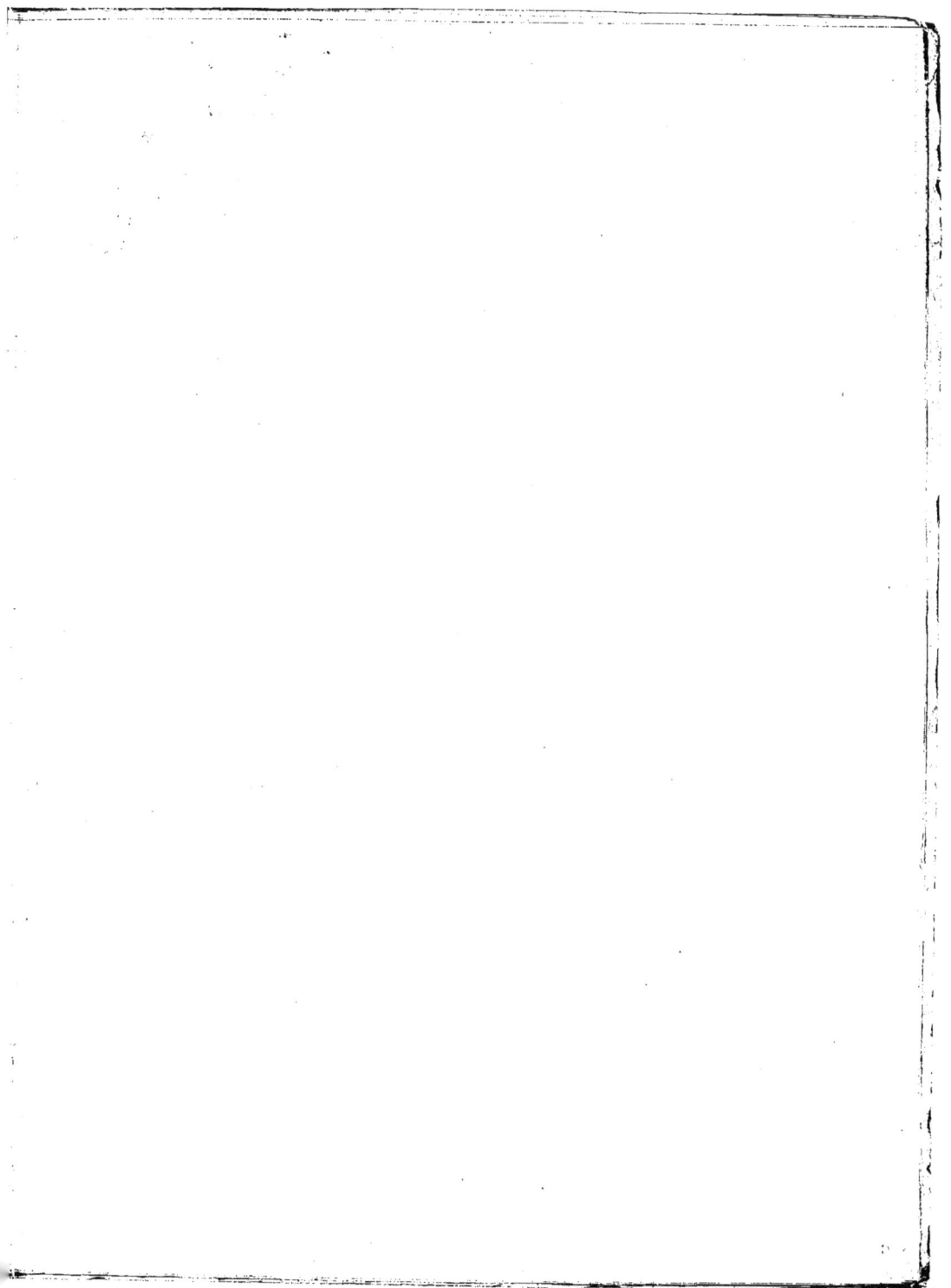

PLANCHE V

1. 2. Coscinodiscus ? (partie centrale).
3. Euodia Ratabouli.
4. Hemiaulus Walfishii.
5. Corinna elegans.
6. Coscinodiscus Brunii.
7. Eunotogramma Frauenfeldii.
8. Surirella nuda.
9. Surirella africana.
10. Surirella mirabilis.
11. Biddulphia phallus.
12. Triceratium Petitianum.
13. Surirella principis.
14. Surirella Theresa
15. Surirella Leona.
16. Amphora guinense.

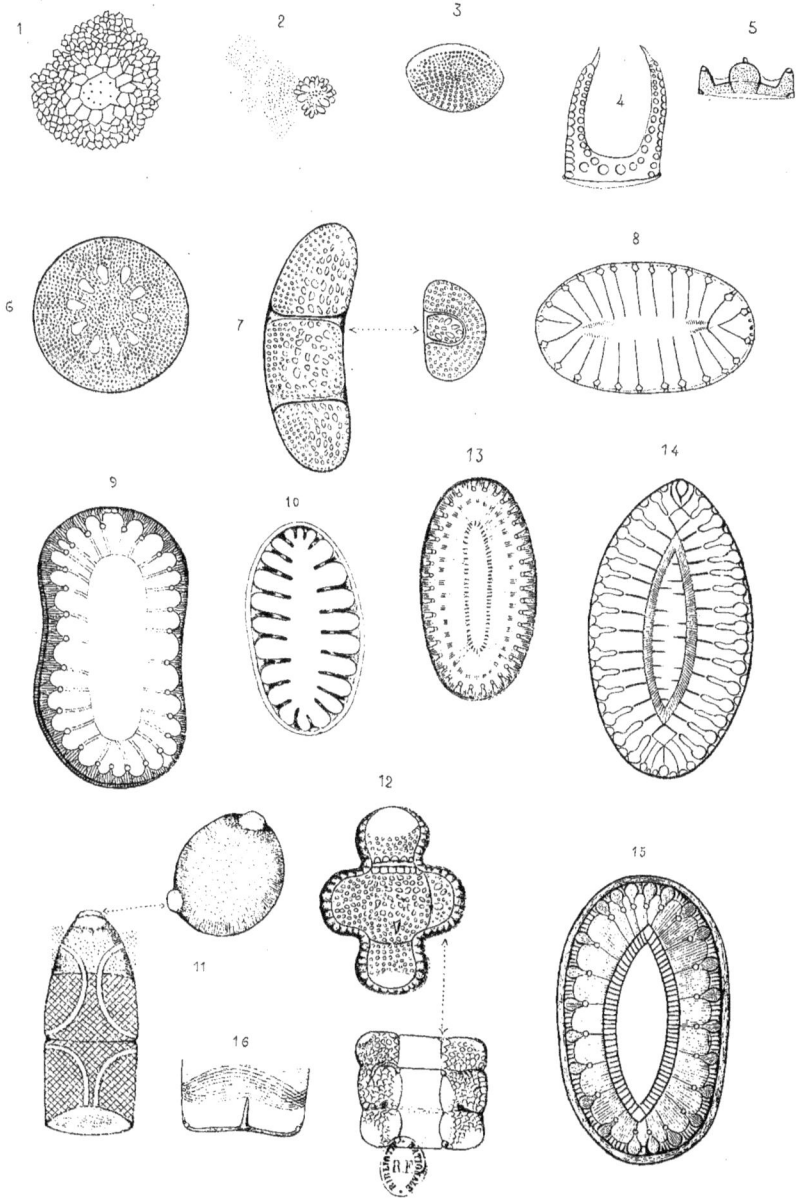

Dr LEUDUGER FORTMOREL AD. NAT. DEL.

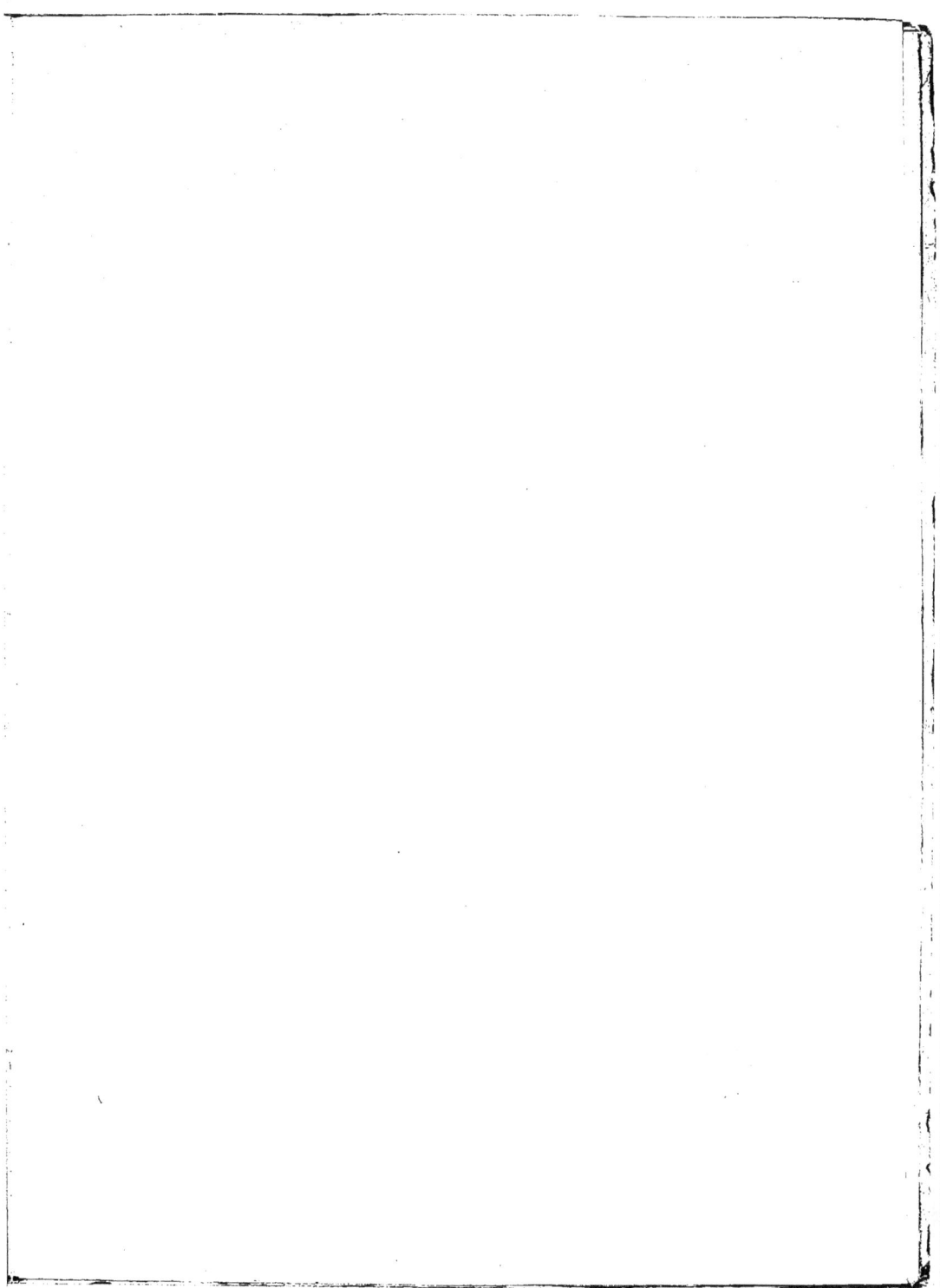

PLANCHE VI

1. Podocystis spathulatum.
2. Podocystis africanum.
3. Plagiodiscus nervatus.
4. Stephanopyxis Grunowii.
5. Stephanopyxis Thomei.
6. Melosira africana.
7. Isthmia Lindigiana.
8. Hemiaulus claviger.
9. 10. 11. 12. 13. 16. Hemiaulus africains.
14. 15. 16. Valves d'Hemiaulus.
17. Lithodesmium africanum.
18. Leudugeria Janischii.

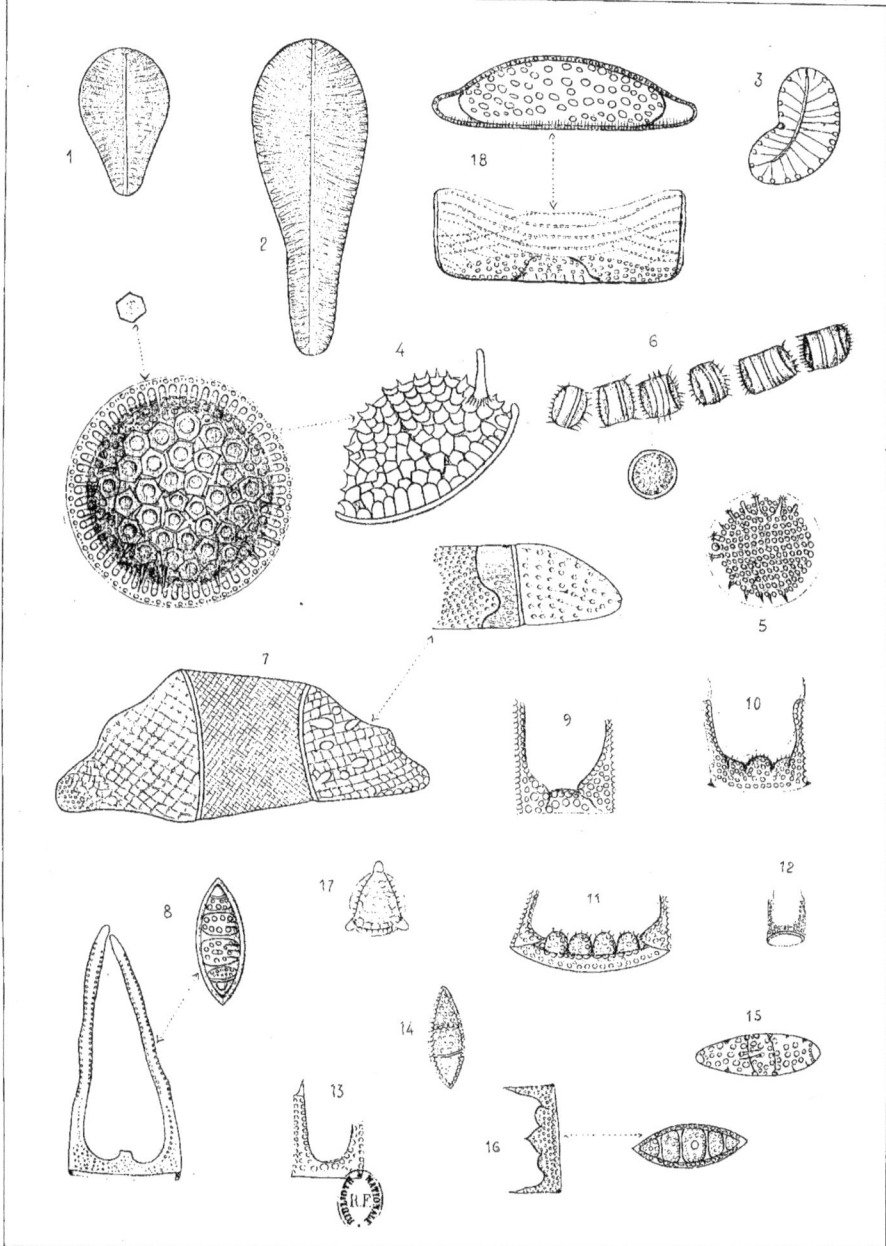

PLANCHE VII

1. 4. Biddulphia membranacea.
2. Biddulphia Titiana.
3. Biddulphia Peragalloi.
5. Triceratium Kinkeri ?
6. Triceratium coronatum.
7. Cerataulus lœvis. var. Thomei.
8. Actinoptychus amœnus.
9. Asterolampra Thomei.
10. Brightwellia pulchra. var.
11. Actinocyclus Thomei.
12. ?
13. Amphora simplex.
14. Amphora Ascensionis.
15. Amphora contorta.
16. Amphora flammiger.
17. Amphora atlantica.
18. Amphora semi-ovum.
19. Amphora blanda.

Nota. — La gravure des stries trop visibles sur les fig. 1, 2, 3 est incorrecte ; en réalité ce sont de fines perles.

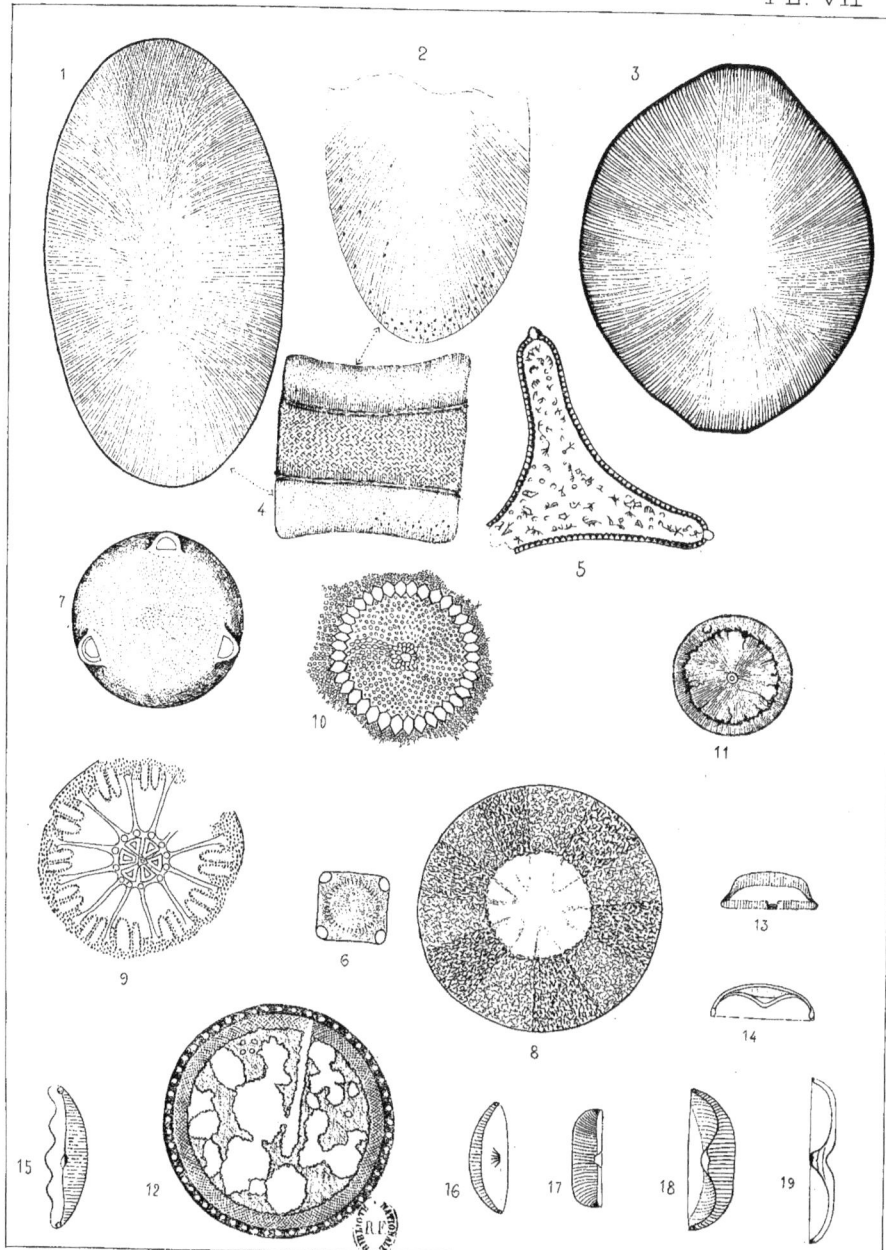

LEUDUGER-FORTMOREL. — DIATOMÉES MARINES COTE OCCIDENTALE D'AFRIQUE

PLANCHE VIII

1. Glyphodesmis margaritacea.
2. Plagiogramma validum, var.
3. Plagiogramma africanum.
4. Plagiogramma bilobatum.
5. Plagiogramma Ascensionis.
6. Plagiogramma panduriforme.
7. Surirella fastuosa ? var.
8. Surirella Ascensionis.
9. Hemiaulus polycistinorum ?
10. 11. Hemiaulus polymorphus ?
12. Hemiaulus ambiguus.
13. 14. 15. Valves d'Hemiaulus.
16. Surirella ?
17. Triceratium Ascensionis.
18. Triceratium Debyi.
19. Auliscus nervatus.
20. Auliscus exceptus.
21. Triceratium parallelum.
22. Eunotogramma lœvis ?
23. 24. Huttonia Richardtii.
25. 27. Pleurodesmium ?
26. Anaulus ?
28. ?
29. ?

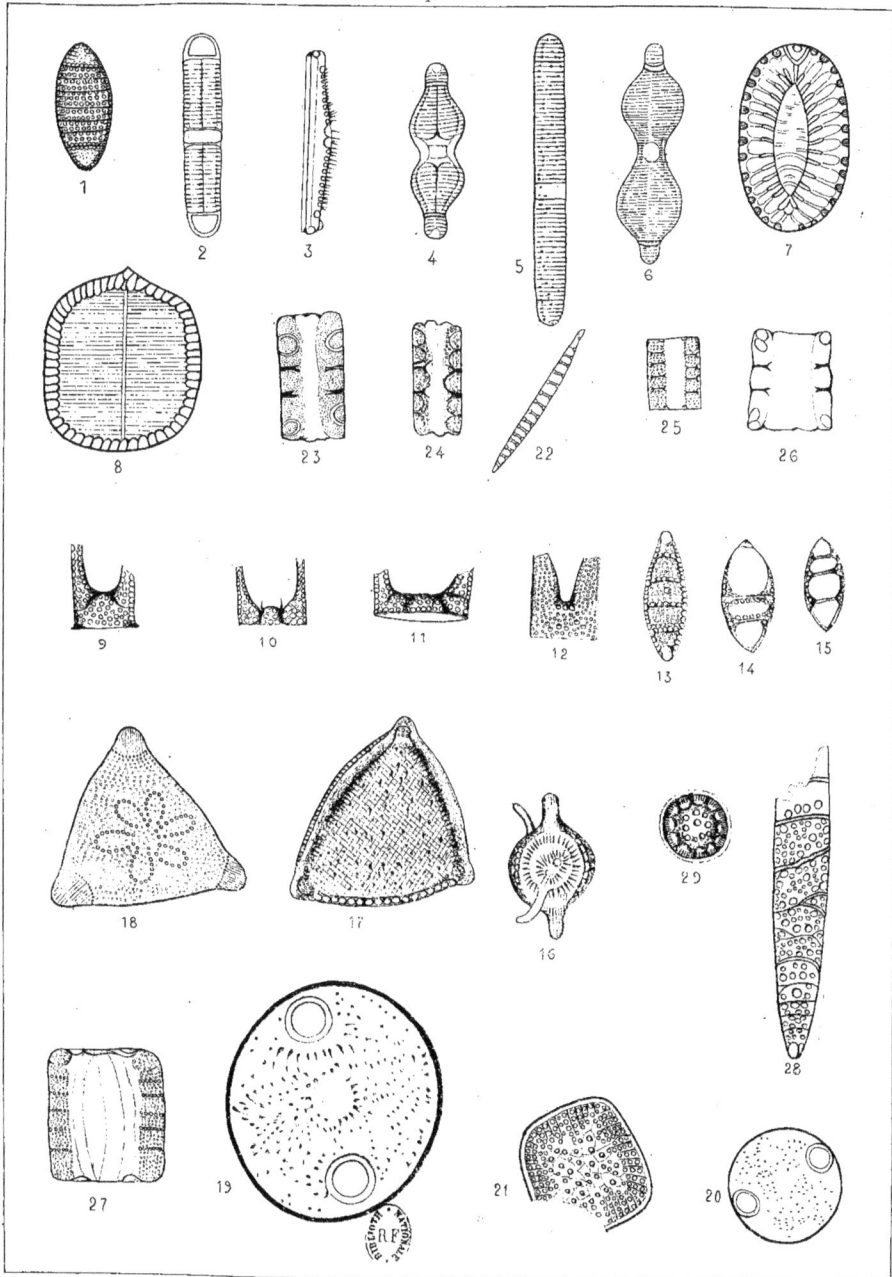

BARTHÉS FRÈRES, CASTRES   DELEUDUGER FORTMOREL AD. NAT. DEL.ᵗ

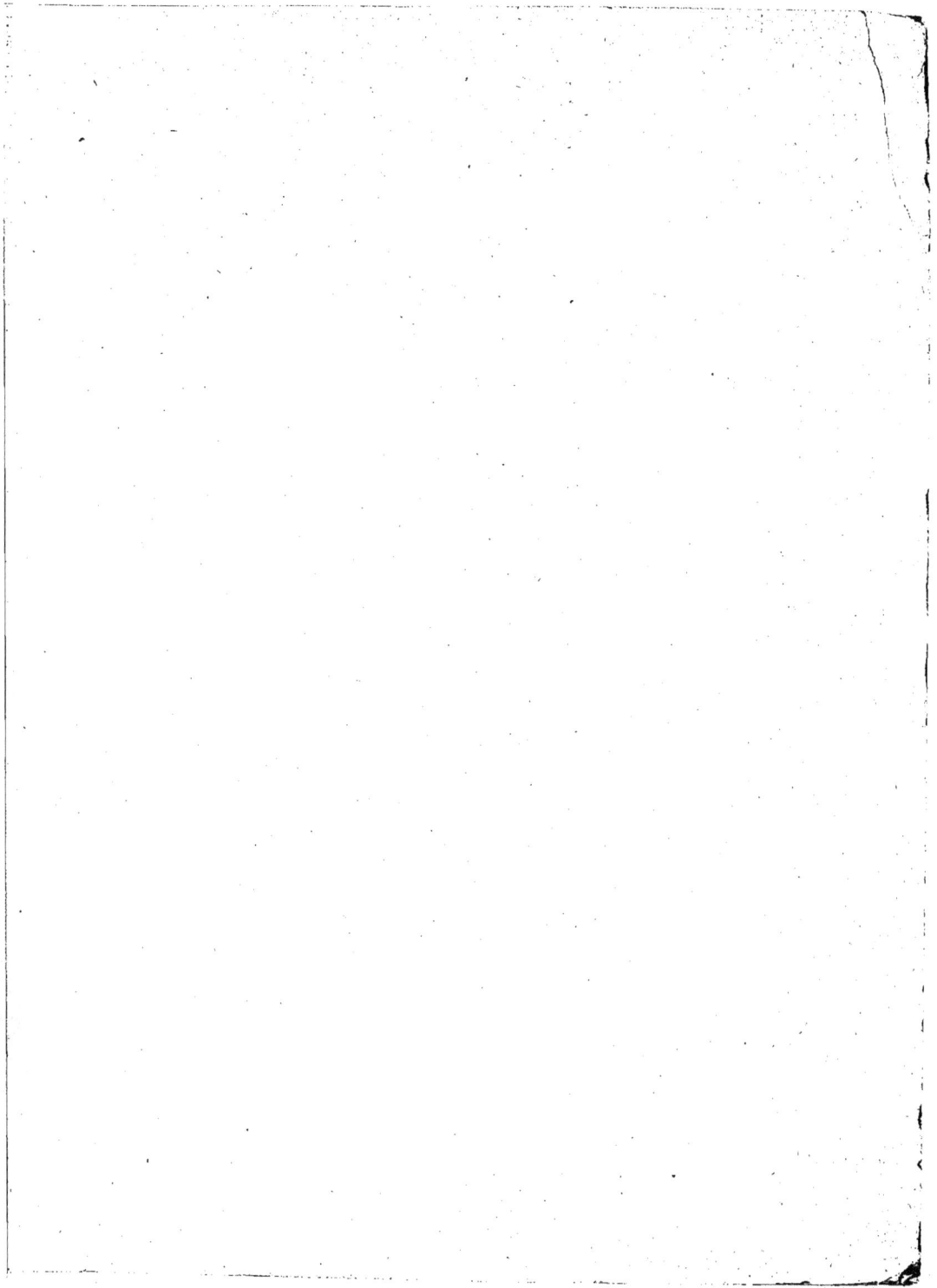

.